マイクラで楽しく理数系センスを身につける!

MINECRAFT

マインクラフト 公式ドリル

さんすう

［計算・単位・図形］

【監修】夏坂哲志（筑波大学附属小学校 副校長）

小　学　館

はじめに

保護者の方へ

この本の使い方

ようこそ、マインクラフトの数の世界へ！
本書では、マインクラフトの
すばらしい世界を冒険しながら、
算数の力を向上させることができます。
この算数ドリルは、
8～9才のお子さま推奨となっています。
冒険を進めながら問題を解くと、
エメラルドを入手できます。
手に入れたエメラルド は、
最後のページで好きなアイテムと
交換することができます！
少し難しい問題にはハート が
ついていますので、必要に応じて
お子さまのサポートをしてあげてください。
答えは巻末をご覧ください。

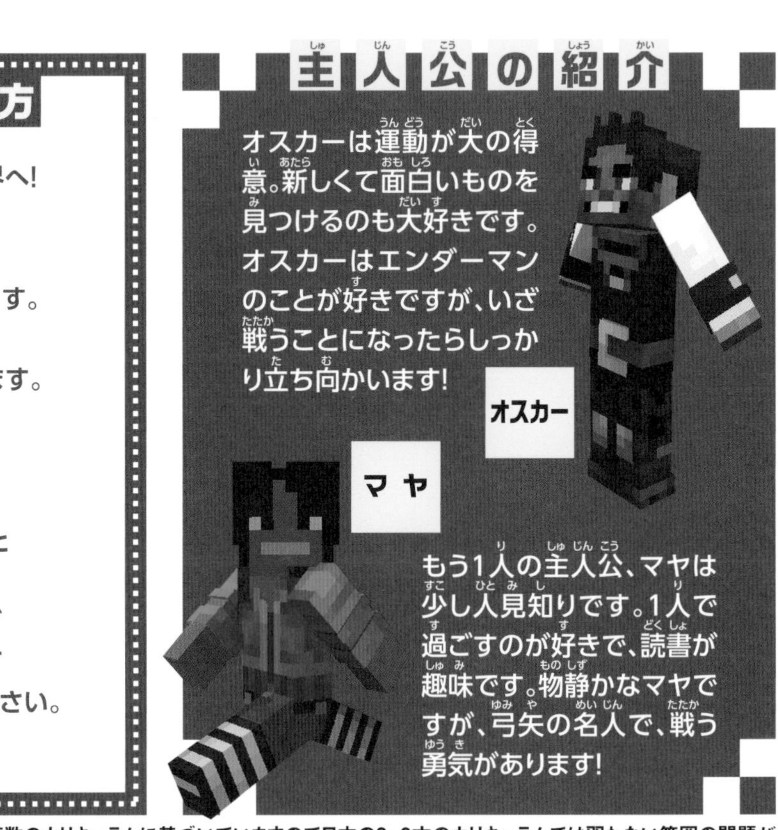

※本書はイギリスの原書をもとにした翻訳本です。イギリスの算数のカリキュラムに基づいていますので日本の8～9才のカリキュラムでは習わない範囲の問題が出てくる場合がありますが、その際は適宜お子さまのサポートをお願いします。どうしても難しい問題の場合には、飛ばして先に進んでいただいて問題ございません。

マインクラフト 公式ドリル
さんすう
［計算・単位・図形］
2023年10月23日　初版第1刷発行

【監修】夏坂哲志（筑波大学附属小学校副校長）

発行人／野村敦司
発行所／株式会社　小学館
〒101-8001　東京都千代田区一ツ橋2-3-1
編集：03-3230-5432　販売：03-5281-3555

印刷所／TOPPAN株式会社
製本所／株式会社 若林製本工場

［日本語版制作］
翻訳／Entalize
DTP／株式会社 昭和ブライト
デザイン／安斎 秀（ベイブリッジ・スタジオ）

制作／浦城朋子
販売／福島真実
宣伝／鈴木里彩
編集／飯塚洋介

Printed in Japan　ISBN978-4-09-253656-2

目次

数と番号

ここはどこ?

ここは平原バイオーム。背の高い草が生えていて、かしの木もたくさん生えています。ニワトリが食べ物をさがして草の生えた地面をつついています。ウシやヒツジが草花を食べ、ブタも食べ物をさがしながらうろうろしています。時々、ハチが花から花へと飛んでいきます。花ふんを巣に持っていって、ハチミツを作るためです。

川には生き物がいっぱい

平原には、あまり丘がありません。ところどころ少しくぼんでいる平らな大地です。平原を流れる川には、サケと、いじわるなモンスターが住んでいます。川に入ると、水の中を泳いでいる溺死ゾンビと出会うかもしれません。

拠点

冒険者は、平原に家を作ることが多いです。平原では木も食べ物もたくさん見つかります。家を建てたり、畑を作るのにぴったりの場所なのです。オスカーとマヤもここに家を作るつもりです。

やることがいっぱい

オスカーは作物を収穫し、たくさんクラフトしました。チェストはもうごちゃごちゃです。整理整とんするために、オスカーはマヤに「行ってきます」といって、家を出て納屋に向かいます。

位取り

オスカーはこれから大仕事です。納屋にはチェストがたくさんあります。
どのチェストにも、アイテムや材料が何百こもつまっています。
オスカーは、手始めに全部整理整とんしてつみ上げることにしました。

1

まず最初に、オスカーは丸石を100こずつの山に分け整理していきます。
次の数字のパターンを考えて、□にあてはまる数を書きましょう。

200　300　　　600　　800

2

次の3けたの数を、例のように分けて、□に数字を書きましょう。

例: 372 = 300 + 70 + 2

a) 236 = □ + □ + □

b) 645 = □ + □ + □

c) 890 = □ + □ + □

3

オスカーは数のことをたくさん勉強してきました。
おかげで数の分け方をたくさん知っています。

たとえば「326」は右の3つのように、分けることができます。

326 = 300 + 20 + 6
326 = 320 + 6
326 = 310 + 16

次のa)からc)の数字を、それぞれ2つの違う方法で分けて書いてみましょう。

a) 576 ……………… ………………

b) 873 ……………… ………………

c) 987 ……………… ………………

手に入れた数のエメラルドを色でぬろう!

数の表し方

オスカーはカボチャがたくさんつまったチェストを開けました。
いくつあるのか一目で分かるように、カボチャをブロックのかたまりにまとめました。

a)からd)のそれぞれのカボチャがいくつあるか、数字で答えましょう。

a)

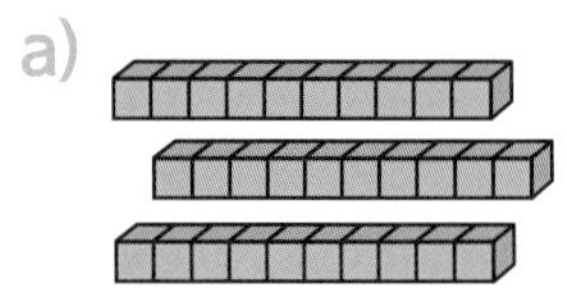

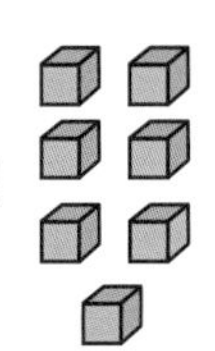

b)

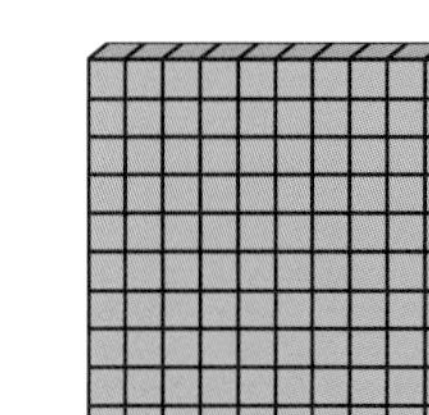

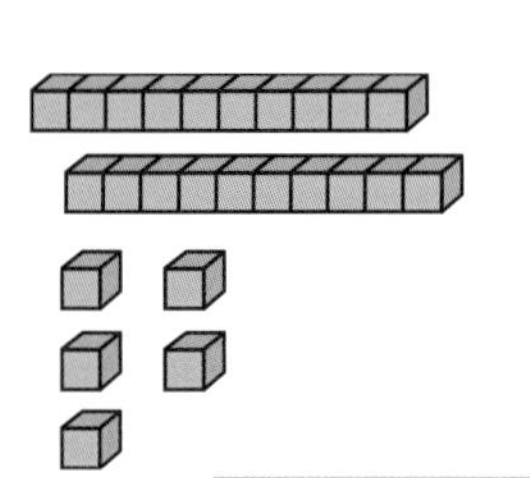

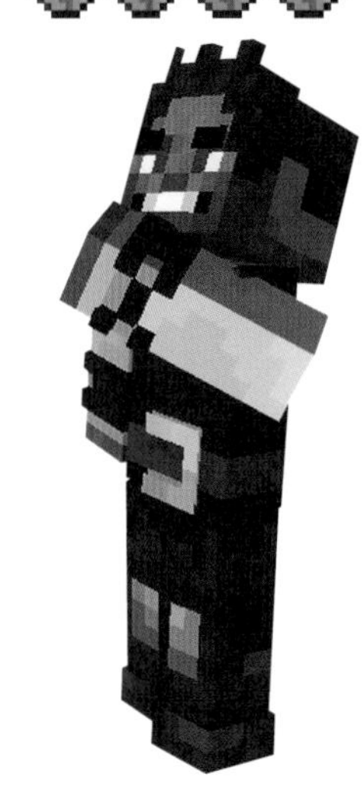

c)

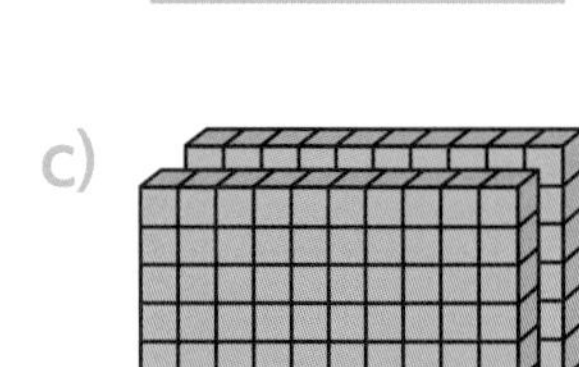

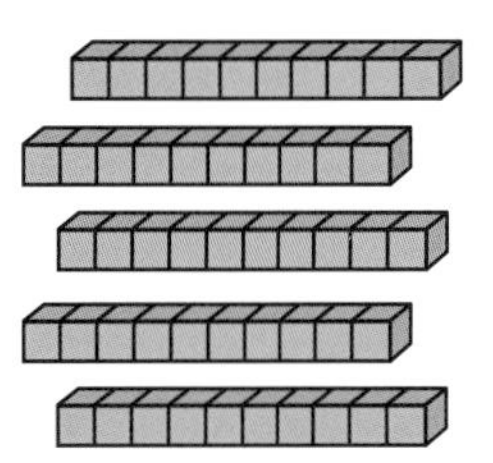

d)

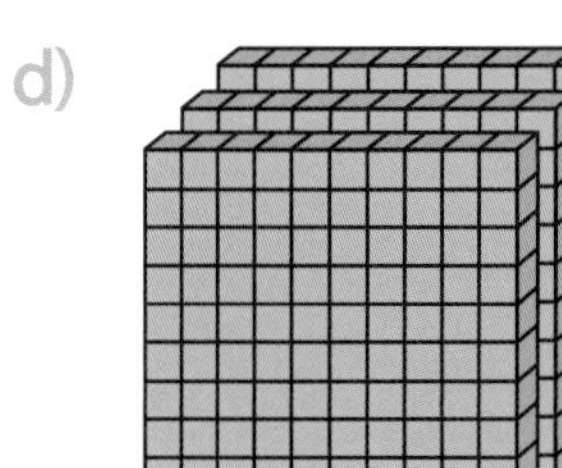

2

茶色い囲みの下に書いてある3けたの数になるように、位取りの表に、足りないブロックやコインの絵を書き足しましょう。

a)

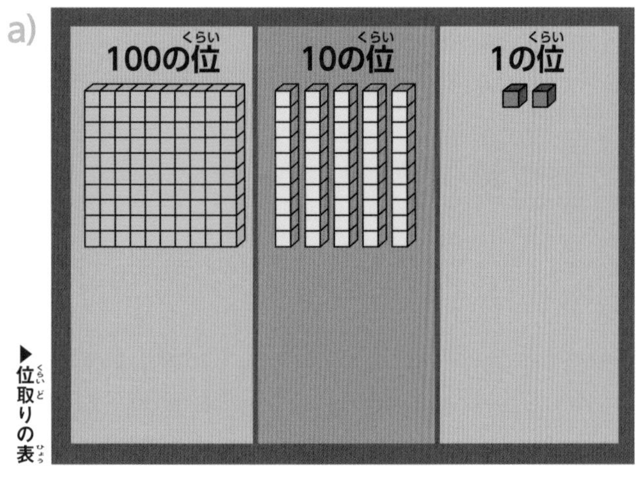

▶位取りの表

273

b)

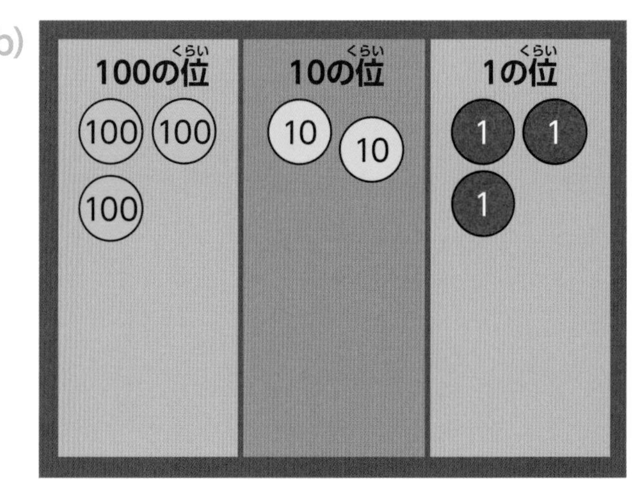

458

オスカーがかたづけるチェストには、石炭しか入っていません。石炭はバラバラで、いろんな数でまとめられています。オスカーは石炭を持ち物に入れることにしました。

3

下の石炭の絵と数字を参考に、a)とb)それぞれ石炭がいくつあるか□に書きましょう。

= 100　　= 10　　= 1

a)

b)

4

下の目盛りをよく見て、a)〜f)の矢印が指している場所の数を書きましょう。

a)　b)　c)

100　　200

d)　e)　f)

600　　700

5

下の線に自分で目盛りを書いて、a)からc)の矢印が指している数が大体どのくらいか、予想してみましょう。

a)　b)　c)

0　　100

手に入れた数のエメラルドを色でぬろう!

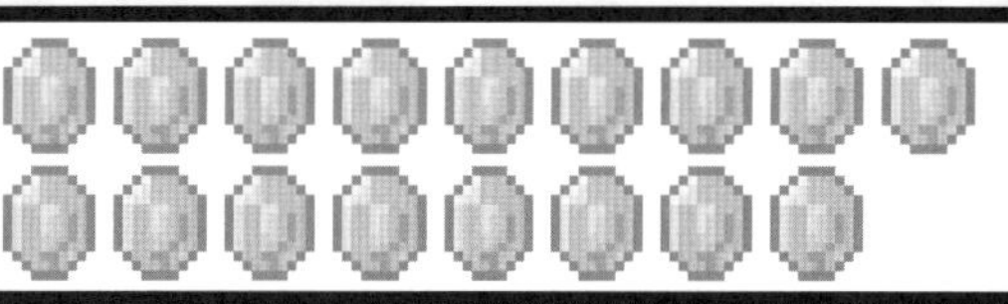

数の書き方と読み方

オスカーは、物を作ったり料理をするための新しい建物を作ることにしました。
あまった木で看板も作ることにしました。

1

オスカーが作った木の看板に、a)とb)それぞれの数を数字で書きましょう。

a) 六十五

b) 三百十六

2

次の数字を、「●百■十▲」のように、それぞれ漢字で書きましょう。

a) 379 ……………………

b) 783 ……………………

3

下のブロックの絵と数字を参考にして、オスカーが持っている鉄の数を、
数字と漢字（「●百■十▲」のように）の両方で書きましょう。

= 100　　= 10　　= 1

a)

数字：　　漢字：……………………

b)

数字：　　漢字：……………………

オスカーは、マヤといっしょに集めたアイテムをながめています。すると、何冊かの本を見つけました。本の表紙には、数が書かれています。

4

本の表紙の数を組み合わせて、できるだけ大きい数を作ってみましょう。
次に、作った数を、数字と漢字で書きましょう。

a) 6 2 9

数字：

漢字：

b) 1 2 3

数字：

漢字：

c) 7 9 6

数字：

漢字：

5

音楽ディスクに書かれた数を組み合わせて、できるだけ小さい数を作ってみましょう。
次に、作った数を数字と漢字で書きましょう。

a) 4 3 9

数字：

漢字：

b) 5 2 8

数字：

漢字：

c) 3 4 7

数字：

漢字：

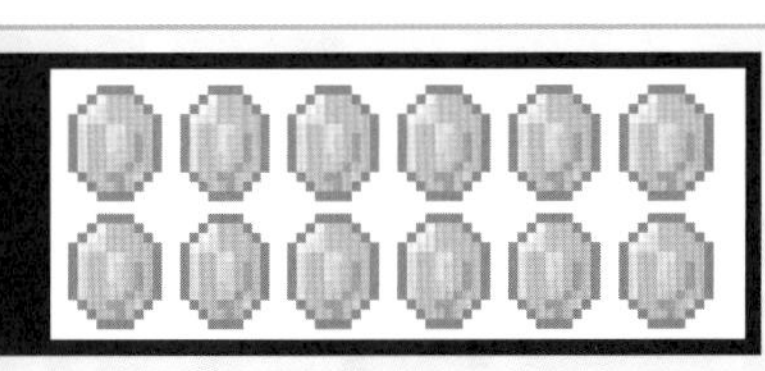

手に入れた数の
エメラルドを色でぬろう！

10(100)少ない数、10(100)多い数

オスカーは、マヤと暮らしている家のまわりに、建物をいくつか建てました。
さらにオスカーは家周辺の地図を作ることにしました。
ただそのためには、建物と建物の間の距離を測らなくてはなりません。

1

a) 次の数（128と687）よりも100少ない数と、100多い数を□に書きましょう。

i) **128** 100少ない数：□ 100多い数：□

ii) **687** 100少ない数：□ 100多い数：□

b) 次の数（317と409）よりも10少ない数と、10多い数を□に書きましょう。

i) **317** 10少ない数：□ 10多い数：□

ii) **409** 10少ない数：□ 10多い数：□

2

それぞれのマスに絵（上段はブロック、下段はコインの絵）を描き、さらにマスの右下の□に数字を書いて、表を完成させましょう。

100少ない数	最初の数	100多い数
□	□	□
□	□	100 100 100 1 1 100 100 10 1 10 10 1 1 □

3

下の表を完成させましょう。マスに絵（上段はブロック、下段はコイン）を描いて、□に数字を書きましょう。

10少ない数	最初の数	10多い数
□	□	□
□	□	100 100 1 1 1 1 □

4

3けたの数について、下の説明を読んで合っているものを、「正しい」「時々正しい」「正しくない」の中からえらんで、□に○を書きましょう。

a) 10を足したり引いたりすると、十の位が変わる。

正しい □　時々正しい □　正しくない □

b) 10を足したり引いたりすると、百の位が変わる。

正しい □　時々正しい □　正しくない □

c) 10を足したり引いたりすると、一の位が変わる。

正しい □　時々正しい □　正しくない □

d) 10を足したり引いたりすると、けた数が変わることがある。

正しい □　時々正しい □　正しくない □

手に入れた数のエメラルドを色でぬろう!

倍数で数える

オスカーが整理整とんをしていると、昔作った花火が出てきました。
そこで、レバーを引くと花火が打ち上がる発射装置を作りました。
レバーと発射装置をつなぐのは、レッドストーンの粉です。

1

4、8、50、100の倍数を使って、下のa)からd)の□や△に足りない数字を書きましょう。

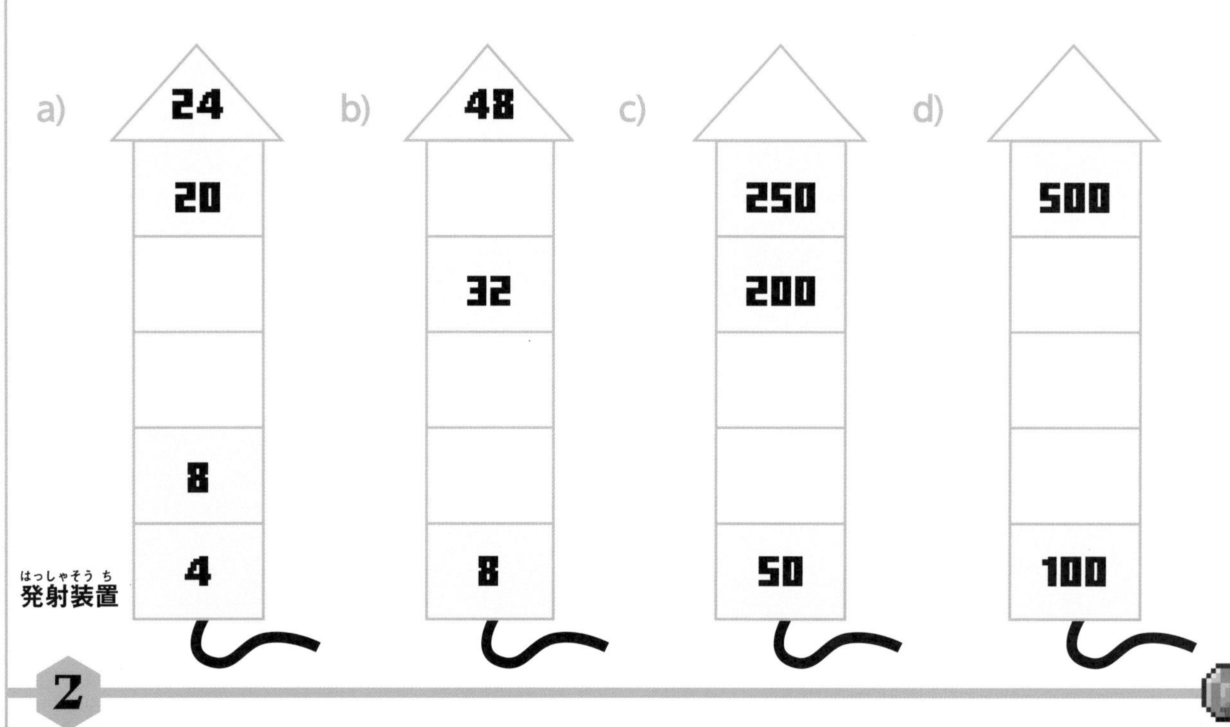

2

それぞれの看板の数字が何の倍数か、□に書きましょう。
(いくつか当てはまる時は、一番大きな数を書きましょう。)

a) 48　56　64　72　□の倍数

b) 150　200　350　400　□の倍数

c) 16　20　24　28　□の倍数

レッドストーンの粉はピストンなどの特別なブロックを動かす信号を運びます。
オスカーはそれを使う練習をしています。レッドストーンのたいまつとピストンを置いて、
アイテムをレッドストーンでつなぎましょう。

3

マスをつないで、回路を2つ作ります。
1つの回路は「4の倍数」をつなぎます。
もう1つは「8の倍数」をつなぎます。
「数のマス」はまっすぐ、
または斜めにつなぐことができます。
右の図のスタートからゴールまでの
数字をつなげて、
それぞれの回路を作りましょう。

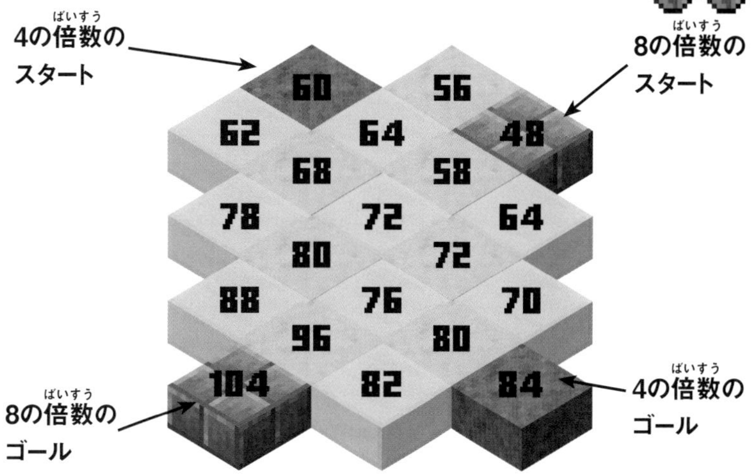

4の倍数のスタート
8の倍数のスタート

60 56
62 64 48
68 58
78 72 64
80 72
88 76 70
96 80
104 82 84

8の倍数のゴール
4の倍数のゴール

4

次のa)からe)の回路の数字は、それぞれ決まった規則で置かれています。
空いている□に数字を書きましょう。

a) 16 20 □ 28 □

b) 32 40 □ 56 □

c) 750 800 □ 900 □

d) 32 28 □ 20 □

e) 80 72 □ 56 □

5

次のa)からd)の、両方の数字の倍数になる数を□に書きましょう。

a) 4 と 50 □　b) 8 と 50 □

c) 8 と 100 □　d) 50 と 100 □

手に入れた数のエメラルドを色でぬろう!

数を比べる、並べる

オスカーは、家と地下深くの採掘ポイントをつなぐため、
トロッコのレールをしこうとしています。
木材、鉄、金、レッドストーンの粉の数がそれぞれいくつ必要か、
しっかり考えなければなりません。

1

次の数字を、小さい数から大きい数へ、順番に書きましょう。

a) 146、130、115、122、101

b) 277、275、263、226、252

c) 69、36、46、57、48

d) 370、366、368、379、374

2

次の2つの数の間に入る数を、どれか1つ自由に選んで書きましょう。

a) 56 と 64

b) 128 と 134

c) 375 と 382

d) 412 と 433

オスカーはレールをしき、チェストが乗ったトロッコを作り始めました。そろそろ日がくれます。モンスターに気をつけないといけません。オスカーが早く帰れるよう手伝ってあげましょう。

3

a)からd)の□に、>、<、=のいずれかを書きましょう。

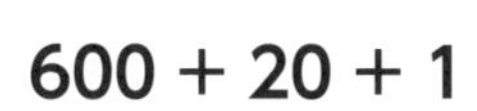

a) 872 □ 902

b) 734 □ 724

c) 621 □ 600 + 20 + 1

d) 736 □ 800 + 70 + 9

4

右のトロッコに書かれている数を使って、3けたの数を6つ作りましょう。次に、それらを小さい数から大きい数に、順番にならべましょう。

5

□に、当てはまる数を自由に1つ書きましょう。
d)の□には >、<、= のいずれかの記号を書きましょう。

a) 983 > 900 + □ + 3

b) 100が2つと10が8つ < 2 □ 5

c) 200 + □ + 7 = 100 + □ + 80 + 7

d) 100が3つと1が4つ □ 100が3つと10が4つ

手に入れた数のエメラルドを色でぬろう!

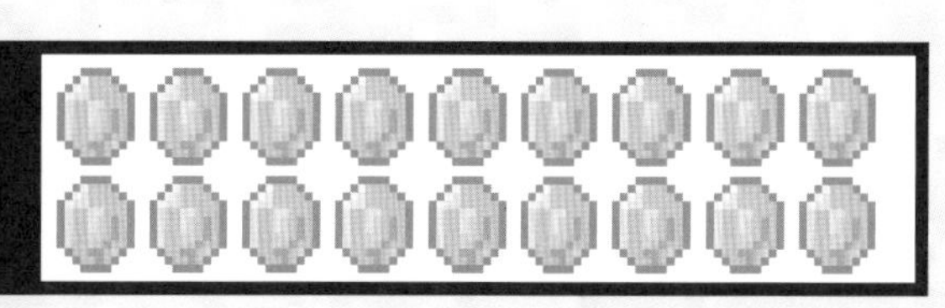

数の問題

マヤが建物を作るために安山岩をほしがっています。
オスカーはトロッコのレールのスイッチを入れて、安山岩を運んであげることにしました。

1

安山岩がつんである
トロッコが4つあります。

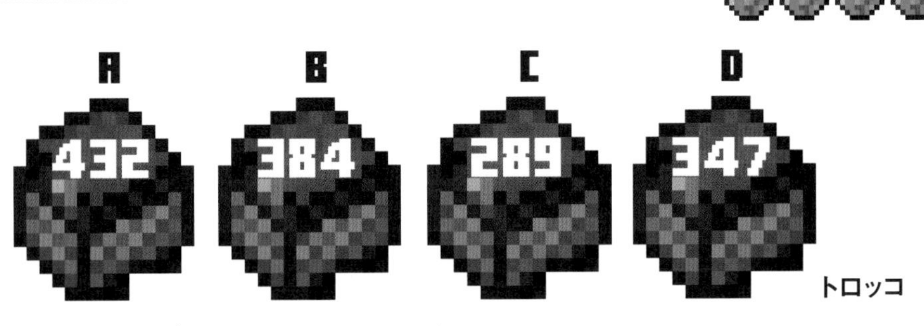

マヤはトロッコAから10ブロック取り出し、トロッコBに入れました。
次にトロッコCから100ブロックを取り出し、トロッコDに入れました。

a)　それぞれのトロッコに、いま入っている安山岩の数を□に書きましょう。

トロッコA：□　トロッコB：□　トロッコC：□　トロッコD：□

b)　上のa)で答えたトロッコA～Dの安山岩の数を、少ない数から順に並べましょう。

2

オスカーは「ある数」を考えています。
その「ある数」から10を引いてから100を足し、3を足しました。
答えは379でした。最初に考えた数は何でしょう?

□

3

右の表のマスで、抜けている数をうめましょう。左上からスタートしましょう。
縦のマス、横のマスそれぞれ一定の数で増えていきます。

12						
20						
	32					
		50		150		
					300	
						500

手に入れた数のエメラルドを色でぬろう!

冒険を終えて…

線路のクリーパー

オスカーはトロッコに乗って家に帰ろうとしています。今日は楽しい一日でした。その時とつぜんドカン!という音が聞こえました。クリーパーがこの先のレールで待ち受けていたようです。オスカーの姿を見て、爆発したのでしょう。爆風で線路の一部分がこわれてしまいました。オスカーがトロッコから飛びおりると、暗やみの中からゾンビとスケルトンが現れました。

矢が飛んでくる!

オスカーは剣をふり回し、左右からせまってくるモンスターと戦います。それでも、モンスターはどんどん出てきます。日がくれていく中、地面の近くで何かが光り始めます。その明るい場所に、弓をかまえたマヤが現れました。マヤが放った矢がモンスターを倒しました。2人は、朝が来てモンスターが出てこなくなるまでいっしょに戦いました。

足し算と引き算

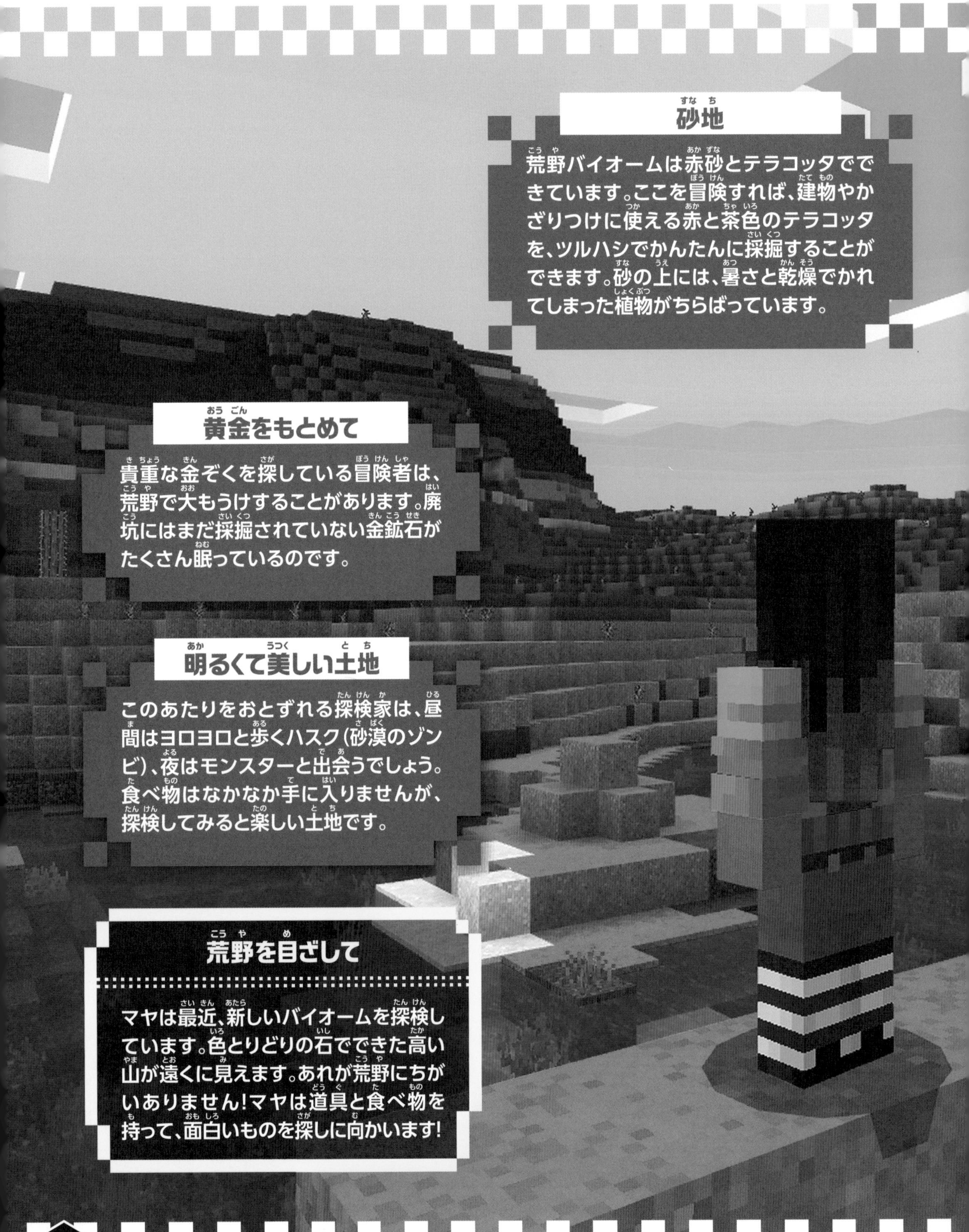

砂地

荒野バイオームは赤砂とテラコッタでできています。ここを冒険すれば、建物やかざりつけに使える赤と茶色のテラコッタを、ツルハシでかんたんに採掘することができます。砂の上には、暑さと乾燥でかれてしまった植物がちらばっています。

黄金をもとめて

貴重な金ぞくを探している冒険者は、荒野で大もうけすることがあります。廃坑にはまだ採掘されていない金鉱石がたくさん眠っているのです。

明るくて美しい土地

このあたりをおとずれる探検家は、昼間はヨロヨロと歩くハスク(砂漠のゾンビ)、夜はモンスターと出会うでしょう。食べ物はなかなか手に入りませんが、探検してみると楽しい土地です。

荒野を目ざして

マヤは最近、新しいバイオームを探検しています。色とりどりの石でできた高い山が遠くに見えます。あれが荒野にちがいありません!マヤは道具と食べ物を持って、面白いものを探しに向かいます!

足し算と引き算の暗算

マヤは荒野に向かっています。歩きながら、きれいな景色とあたたかい日ざしを楽しんでいるようです。

1

例のように数を位ごとに分けて、足し算の暗算をしてみましょう。

例：89 + 53 = (80 + 50) + (9 + 3)

　　　　　= 130 + 12 = 142

a) 14 + 85 = (………… + …………) + (………… + …………)

　　　　　= ………… + ………… = …………

b) 484 + 502 = (………… + …………) + (………… + …………) + (………… + …………)

　　　　　= ………… + ………… + ………… = …………

2

例のように、区切りのいい数字をうまく使って、引き算の問題をときましょう。

例：

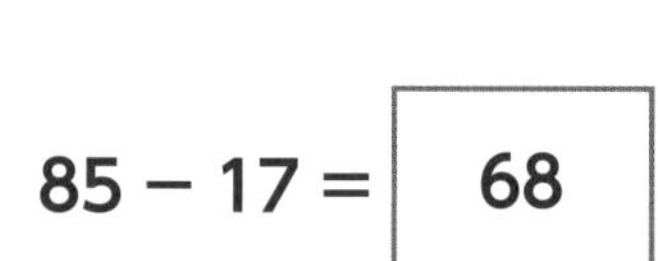

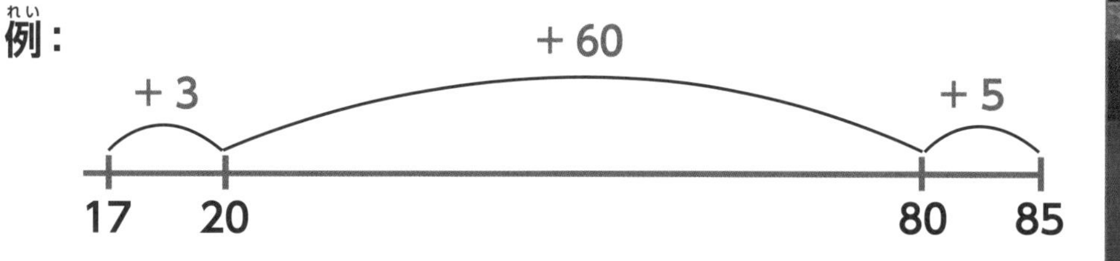

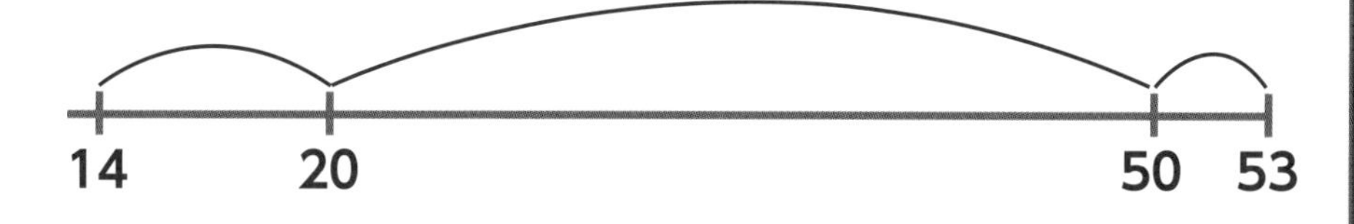

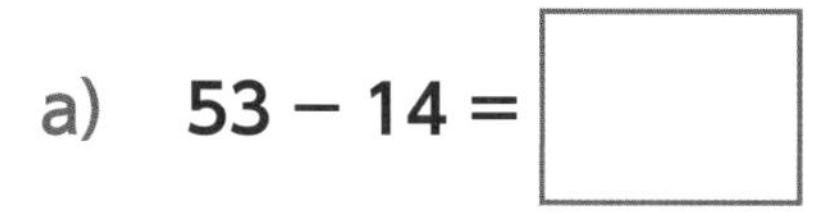

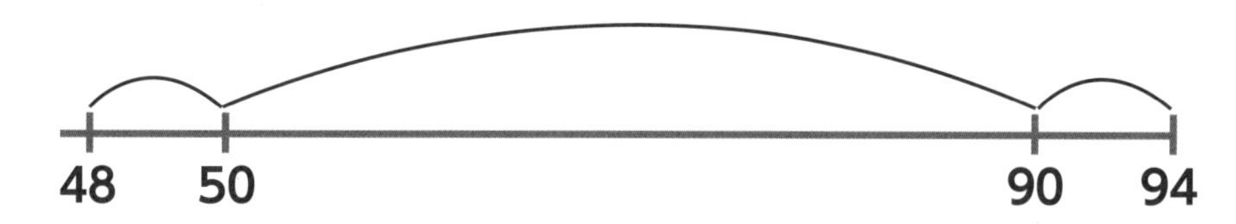

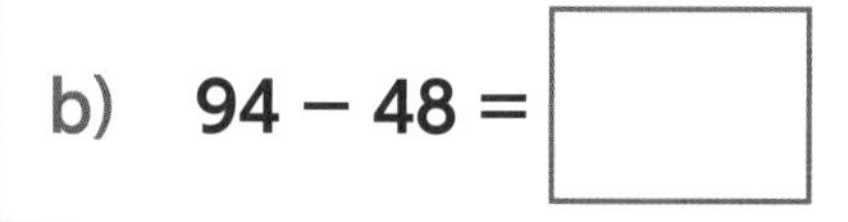

手に入れた数のエメラルドを色でぬろう!

足し算の筆算

マヤは探検を始める前に、小さなキャンプをはりました。危険な目にあったら、ここにもどって眠るつもりです。マヤは家から持ってきた木の板を使って小屋を作り、ベッドとたいまつ、それから作業台を置きました。最初に集めるのは、建物に使うカラフルなテラコッタです。いくつブロックが必要か、ここでは計算がとても大切です。

1

次の計算をしましょう。

a) $73 + 16 =$ ____

b) $42 + 53 =$ ____

c) $37 + 71 =$ ____

d) $22 + 36 =$ ____

2

次の計算をしましょう。

a) $213 + 715 =$ ____

b) $763 + 134 =$ ____

c) $243 + 656 =$ ____

d) $418 + 301 =$ ____

マヤがテラコッタを掘り進め石を集めていると、へんな音が聞こえてきました。何かが吠えるような音がこだましています。この音がするということは、近くに洞窟があるということです。数の計算の問題をといて、マヤのテラコッタ集めを手伝いましょう。

3

次の計算をしましょう。

a) $58 + 26 =$ ＿＿

b) $17 + 78 =$ ＿＿

c) $62 + 83 =$ ＿＿

d) $54 + 63 =$ ＿＿

e) $28 + 86 =$ ＿＿

f) $49 + 92 =$ ＿＿

4

次の計算をしましょう。

a) $663 + 129 =$ ＿＿

b) $569 + 307 =$ ＿＿

c) $721 + 139 =$ ＿＿

d) $176 + 432 =$ ＿＿

e) $328 + 283 =$ ＿＿

f) $808 + 173 =$ ＿＿

5

□に数字を入れ、正しい筆算を作りましょう。

a) 4□8 + □11 = 659

b) □32 + 25□ = 791

c) □27 + 43□ = 764

d) 6□7 + 29□ = 905

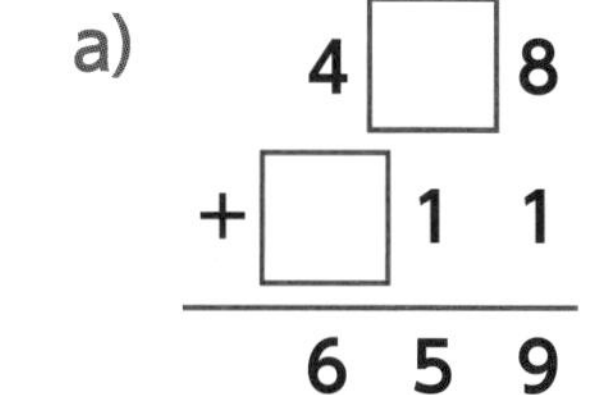

手に入れた数のエメラルドを色でぬろう!

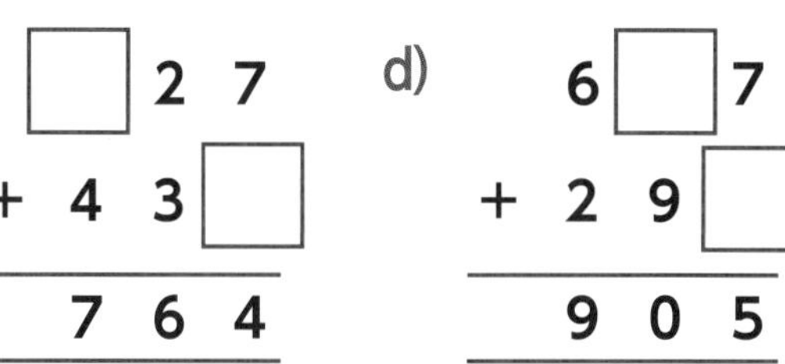

引き算の筆算

次の日も、マヤは荒野の谷に向かいます。
しかし、すぐにハスク（砂漠のゾンビ）を見かけました。ハスクもマヤに気づきました。
戦う準備をしなければなりません。マヤがいさましく剣で立ち向かうと、
だんだんハスクの体力が減っていきます。

1

次の計算をしましょう。

a) $\begin{array}{r} 99 \\ -\ 15 \\ \hline \end{array}$

b) $\begin{array}{r} 78 \\ -\ 36 \\ \hline \end{array}$

c) $\begin{array}{r} 88 \\ -\ 32 \\ \hline \end{array}$

d) $\begin{array}{r} 53 \\ -\ 12 \\ \hline \end{array}$

2

次の計算をしましょう。

a) $\begin{array}{r} 676 \\ -242 \\ \hline \end{array}$

b) $\begin{array}{r} 734 \\ -621 \\ \hline \end{array}$

c) $\begin{array}{r} 863 \\ -712 \\ \hline \end{array}$

d) $\begin{array}{r} 249 \\ -108 \\ \hline \end{array}$

ハスクを倒したマヤは、探検を続けます。
洞窟につながっていそうな穴を探しながら、
ブロックをいくつ採掘しなければならないか、計算します。

3

次の計算をしましょう。

a) 62 − 27

b) 93 − 16

c) 46 − 28

d) 73 − 38

e) 94 − 79

f) 55 − 17

4

次の計算をしましょう。

a) 852 − 218

b) 472 − 266

c) 505 − 324

d) 718 − 380

e) 131 − 119

f) 928 − 836

マヤは北に向かって歩いて行きます。止まって足元を見ると、
そこには大きな洞窟の入り口がありました！

5

□に数字を入れ、正しい筆算を作りましょう。

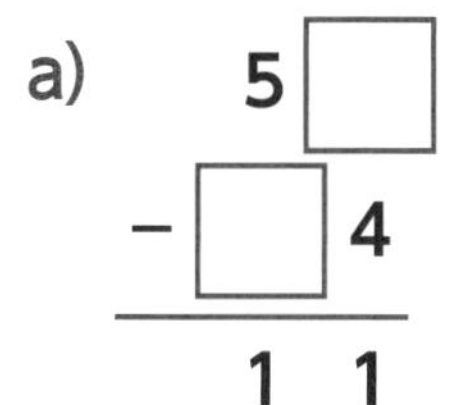

a) 5□ − □4 = 11

b) □4 − 4□ = 42

c) 6□4 − 23□ = 404

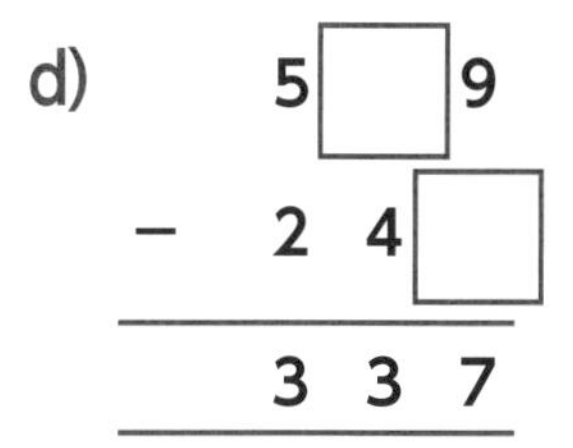

d) 5□9 − 24□ = 337

手に入れた数のエメラルドを色でぬろう!

答えの見積もりとたしかめ算

マヤは足元の洞窟をのぞきこみながら、どのくらいの深さまで続いているのか考えています。
問題を解いて、マヤを手伝いましょう。

式の答えに一番近いと思う数に丸をつけましょう。

a) **21 × 5 =** 100 10 1,000

b) **100 ÷ 24 =** 40 4 400

c) **478 + 296 =** 780 78 7,800

d) **711 − 660 =** 5 50 500

2

a)からd)の計算の答えとして、より答えに近い式に丸をつけましょう。

a) **315 + 216 =** 300 + 200 = 500 350 + 250 = 600

b) **660 − 564 =** 660 − 560 = 100 700 − 550 = 150

c) **58 ÷ 5 =** 50 ÷ 5 = 10 60 ÷ 5 = 12

d) **12 × 8 =** 12 × 10 = 120 12 × 5 = 60

マヤは、廃坑を見つけました。あまり深くはありませんが、
チェストつきのトロッコがあります。誰かが金鉱石をたくさん置いていったのです！

下のチェストつきトロッコには、金鉱石ブロックを何こ入れたらいっぱいになるかが書かれています。a)からc)のトロッコのチェストに入っている金鉱石ブロックの数を考えて□に書きましょう。

a) 

半分入っている 

b) 

$\frac{1}{3}$ 入っている 

c) 

$\frac{3}{4}$ 入っている 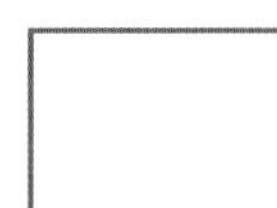

マヤは荒野で、貴重な材料をたくさん集めています。廃坑では金鉱石が見つかり、洞窟の壁からはラピスラズリ、溶岩の近くではダイヤモンドがいくつか見つかりました。マヤが見つけたアイテムの数を計算しましょう。

それぞれの式の答えが合っているか、確かめるための式を考えて書きましょう。

a)  58 + 63 = 121 ……………………

b) 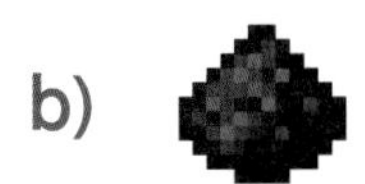 257 − 129 = 128 ……………………

c)  150 ÷ 10 = 15 ……………………

d) 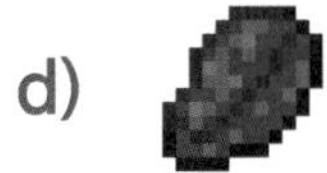 14 × 2 = 28 ……………………

まず、それぞれの計算の答えがだいたいいくつになるかを見積もりましょう。
次に、正しい答えを計算してみましょう。
最後に、逆の計算をして答えが合っているか、たしかめましょう。

a)
$$\begin{array}{r} 433 \\ +\,565 \\ \hline \end{array}$$

見積もり：……………………

計算した答え：☐

たしかめ算：

b)
$$\begin{array}{r} 676 \\ -\,234 \\ \hline \end{array}$$

見積もり：……………………

計算した答え：☐

たしかめ算：

手に入れた数のエメラルドを色でぬろう!

文章問題

マヤは洞窟を後にします。使っていたキャンプをたたんで、帰る準備をします。
オスカーが家で待っています。

マヤは、経験値を297ポイント持っています。オスカーは、経験値を387ポイント持っています。
オスカーは、「きみより100ポイント多く持っているよ」と言いました。
オスカーの言っていることは合っていますか？　それとも間違っていますか？
答えを文章で説明しましょう。

....

2

a)、b)の文章を読んで、それぞれの答えがだいたいいくつになるか見積もりましょう。
次に、正しい答えを計算しましょう。最後に逆の計算をしてたしかめましょう。

a) チェストが3つあります。1つめのチェストには金鉱石が361こ入っています。2つめのチェストには1つ目よりも98こ多く金鉱石が入っています。3つめのチェストには石炭が112こ入っています。
3つのチェストには合計何このアイテムが入っているでしょうか？

見積もり：..............................

計算した答え：☐

たしかめ算：

b) マヤは、パンを焼くために小麦が192こ必要です。今のところ小麦を100こ、11こ、8こ集めることができています。
マヤはあと何この小麦を見つければいいでしょうか？

見積もり：..............................

計算した答え：☐

たしかめ算：

手に入れた数の
エメラルドを色でぬろう！

冒険を終えて…

資源がたくさん

マヤはオスカーに美しい荒野の話をしました。マヤは集めてきた建物の材料や、採掘した鉄、金、ダイヤモンドを見せました。2人は協力してアイテムを分けてチェストにしまいます。

さらなるチャレンジ

オスカーとマヤは夜おそくまで話し合い、もっと強い敵と戦うことを決めました。そのためには、強力な武器や防具が必要です。それから、道具をエンチャントしたり、便利なポーションをクラフトできるようにならなければいけません。

ネザーを夢見て

明日、オスカーは雪原が広がるタイガバイオームの探検に出発します。仲間となるオオカミを探すつもりです。他にも、溶岩と水を集めて黒曜石を作らなければなりません。黒曜石は、ネザーポータルを作るのに使います。ネザーポータルを使うと、ネザーという違う次元に行けるのです!

かけ算とわり算

一面に広がる雪

雪のタイガバイオームへ入っていくと、植物のあざやかな緑がいろどりを失っていきます。背の高い草はなくなり、背の低いシダやトウヒの木が目立つようになります。見わたすかぎり雪がつもっています。地面が見えるのは、木の根元くらいです。冷たい空気のせいで花はほとんどありませんが、ベリーが実るしげみはところどころにあります。

寒い土地の生き物

ここに住む生き物は、寒さに強いものたちばかりです。白いキツネは丸まっていて、近よると驚きます。でも、オオカミはちがいます。かれらは雪原を自由に歩き回り、雪のタイガに入った人間ににらみをきかせています。

足元は氷

大地を横切る川はありますが、ほとんど凍っているので歩いて渡れます。氷を集めるのはとてもむずかしい作業です。でも、雪はシャベルで集めることができますので、気が向いたら雪合戦をして遊べます。

タイガでのやるべきこと

オスカーは朝早く出発して雪のタイガに入りました。今日やるべきことは少ししかありません。真っ白でしずかな雪原にいるうちに、ネザーへ行く準備を進めたいと思いました。

かけ算とわり算の計算式

オスカーの足元にあるのは草ではなく、サクサクと音を立てる雪です。
雪のタイガでまわりを見わたすと、ベリーのしげみと木かげで丸くなるキツネが見えました。
オスカーはキツネのそばをこっそり通ってベリーを採りに行きます。

a)とb)それぞれのアイテムの数を、かけ算とわり算の計算式を使って2つずつ書きましょう。

□ × □ = □
□ × □ = □
□ ÷ □ = □
□ ÷ □ = □

□ × □ = □　　□ ÷ □ = □
□ × □ = □　　□ ÷ □ = □

下の□に当てはまる数を書きましょう。

a) 320 ÷ 4 = □　　b) 40 × □ = 320

c) 3 × 70 = □　　d) 210 ÷ 30 = □

手に入れた数の
エメラルドを色でぬろう!

2倍と半分

オスカーは木材を集めようと、ごきげんで木を切っています。
ひときわ背が高い木を倒すと、幹の後ろから小さな灰色の赤ちゃんオオカミが姿を現しました。
オスカーは大人のオオカミが近くにいるか探しますが、見当たりません。

下のそれぞれの数と、その2倍となる数を、おたがいに線でつなぎましょう。

2

オスカーは2倍の計算をします。抜けている「元の数」や「2倍の数」を□に書きましょう。

a) 元の数：24　　2倍の数：□

b) 元の数：□　　2倍の数：14

c) 元の数：45　　2倍の数：□

d) 元の数：□　　2倍の数：140

オスカーは赤ちゃんオオカミにポケットに入っていたホネを何本かあげました。
オオカミはオスカーにすりよります。友だちになれたようです。オスカーはオオカミを「ムーン」と名づけました。ムーンはオスカーといっしょに歩いていきます。

3

次の文章を読んで、空いている□に数字を書きましょう。

a) トウヒの丸太30本の半分は、□本。

b) ニワトリ□羽の2倍は、18羽。

c) シダ□この半分は、44こ。

d) 雪玉□この2倍は、80こ。

4

□をうめて、式を完成させましょう。

a)	□ × 2 = 16	□ × 4 = 16	□ × 8 = 16
b)	□ × 2 = 24	□ × 4 = 24	□ × 8 = 24
c)	□ × 2 = 32	□ × 4 = 32	□ × 8 = 32
d)	□ × 2 = 40	□ × 4 = 40	□ × 8 = 40

5

かけ算の答えを□に書きましょう。

a)	25 × 2 = 50	25 × 4 = □	25 × 8 = □
b)	5 × 4 = 20	5 × 8 = □	5 × 16 = □

手に入れた数のエメラルドを色でぬろう!

かけ算の3の段・4の段と、わり算

オスカーはかわいい赤ちゃんオオカミと友だちになりました。オオカミは肉を食べる生き物です。でも、オスカーはパンしか持ってきていません。そこで狩りをすることにしました。
オスカーは雪のタイガの端っこに、ニワトリが何羽かいるのを見つけました。
ニワトリを倒すと、生のニワトリ肉と、羽根が手に入ります。
ここでは、ニワトリの羽根を使って、かけ算をしてみます。

下は「3の段」、「4の段」のかけ算の表です。あいているマスに答えを書きましょう。

	×1	×2	×3	×4	×5	×6	×7	×8	×9	×10	×11	×12
3												
4												

2

羽根がいくつかまとめておいてあります。羽根の数を計算するのに使えるかけ算の式を、それぞれ2つずつ書き出してみましょう。

a)

□ × □ = □
□ × □ = □

b)

□ × □ = □
□ × □ = □

c)

□ × □ = □
□ × □ = □

d)

□ × □ = □
□ × □ = □

オスカーはニワトリを飼って、ムーンのエサをたっぷり手に入れました。
羽根も手に入ったので、帰ったら矢も作れます。オスカーはたき火を作って、
ムーンに見守られながら持ち物を整理整とんすることにしました。

3

オスカーはアイテムを等しい数に分けることにしました。
それぞれのアイテムを等分するためのわり算の式を考えて、下の□に数字を書きましょう。

a) 羽根32まいを4等分する： □ ÷ □ ＝ □

b) 生のニワトリ肉12こを3等分する： □ ÷ □ ＝ □

c) ベリー36こを12等分する： □ ÷ □ ＝ □

4

次の問題をといて□に答えを書きましょう。

a) 皮の胸当ては1つあたりエメラルド4こです。
皮の胸当て7こ買うには、エメラルドがいくつ必要でしょう？ □ こ

b) ある村人はエメラルドを24こ持っています。
1つ3エメラルドの焼き鳥をいくつ買えるでしょうか？ □ こ

c) べつの村人はエメラルドを36こ持っています。
1つ4エメラルドの皮の胸当てをいくつ買えるでしょうか？ □ こ

5

下のブロックの図に合うような、かけ算とわり算の式を1つずつ書きましょう。

□ × □ ＝ □

□ ÷ □ ＝ □

手に入れた数のエメラルドを色でぬろう！

かけ算の8の段と、わり算

オスカーは木材をたくさん集めることができました。これでしばらく木を切りに行かなくてすみます。オスカーは木を切るかわりに、もっと遠くまで探検して気になるものを探すことにしました。

1

下は「8の段」のかけ算の表です。あいているマスに答えを書きましょう。

	×1	×2	×3	×4	×5	×6	×7	×8	×9	×10	×11	×12
8												

2

かけ算やわり算を表す時、右のような「数字の表」を使うこともできます。たとえば、右の「数字の表」は「8 × 7 = 56」、「56 ÷ 8 = 7」、「56 ÷ 7 = 8」という3つの式を表しています。

56						
8	8	8	8	8	8	8

次の式を表す「数字の表」を考えて書いてみましょう。

a) 8 × 5 = 40

b) 80 ÷ 10 = 8

c) 8 × 8 = 64

3

次の「数字の表」と式の□に当てはまる数字を書きましょう。

a)

40				

40 ÷ □ = □

b)

8	8	8	8

□ ÷ 4 = □

c)

32							

32 ÷ □ = □

うれしいことにオスカーはたまたま、溶岩だまりを見つけました。バケツを使って、どろどろに溶けた岩石をすくい上げます。溶岩は、黒曜石を作ることができます。そして黒曜石があれば、ネザーゲートを作ることもできます。

4

a)からc)のアイテムは、それぞれいくつあるでしょうか。
それぞれの合計の数を表す「8の段」の式を□に書いて答えましょう。

a)

□ × □ = □

b)

□ × □ = □

c)

□ × □ = □

5

次のそれぞれのアイテムを等分するためのわり算の式を考え、□に書きましょう。

a) 生のウサギ肉48こを8等分する：　□ ÷ □ = □

b) ウサギの皮56枚を7等分する：　□ ÷ □ = □

c) トウヒのなえ木72本を8等分する：　□ ÷ □ = □

d) トウヒの木材32こを4等分する：　□ ÷ □ = □

手に入れた数のエメラルドを色でぬろう！

かけ算とわり算の暗算

オスカーは夜眠るためのベッドを持っていません。
夜にモンスターと戦ってアイテムを集めたかったからです。
とくにクリーパーから火薬を、スケルトンから矢を手に入れたいと考えています。
ムーンに見はってもらいながら、オスカーは剣をかまえて、戦いにそなえます。

1

下のA、B、Cの式について、同じ答えになるものを線でつなぎましょう。
Cの……には、答えを書きましょう。

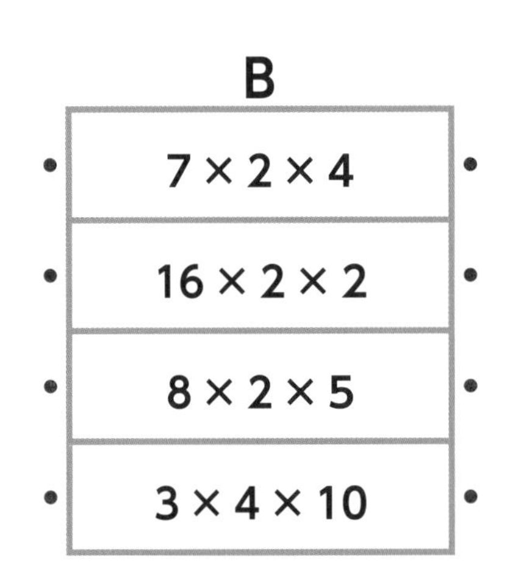
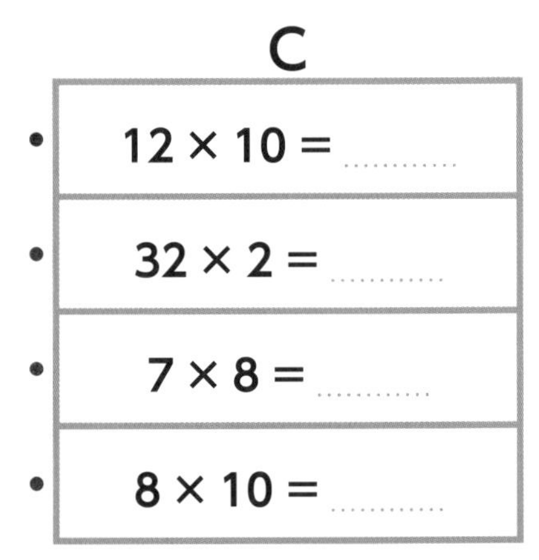

A	B	C
16 × 5	7 × 2 × 4	12 × 10 = ……
3 × 40	16 × 2 × 2	32 × 2 = ……
14 × 4	8 × 2 × 5	7 × 8 = ……
16 × 4	3 × 4 × 10	8 × 10 = ……

2

例のように、かけ算がしやすくなるように、□に当てはまる数字を書きましょう。

例)	16 × 5 =	8	× 2 × 5 =	8	× 10 =	80
a)	11 × 6 =		× 3 × 2 =		× 2 =	
b)	20 × 8 =		× 4 × 2 =		× 2 =	
c)	12 × 6 =		× 3 × 2 =		× 2 =	
d)	7 × 30 =		× 3 × 10 =		× 10 =	

3

次の式は、オスカーが剣を振った回数を表しています。
式の数の順番を変えて、かけ算がしやすいように、解きやすくしてみましょう。

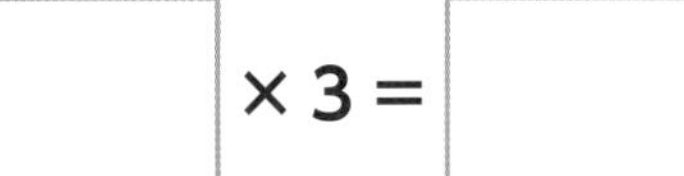

a) 5 × 3 × 12 = □ × 12 × 3 = □ × 3 = □

b) 9 × 2 × 3 = □ × □ × 2 = □ × 2 = □

c) 2 × 32 × 5 = □ × □ × □ = □ × □ = □

4

a)からc)の一番左の式は、オスカーがどのくらいスケルトンにダメージを与えているかを表しています。その式を参考にそれぞれの□に当てはまる数を書きましょう。

a) 8 × 3 = 24　　8 × 30 = □　　80 × 3 = □

b) 88 ÷ 8 = 11　　880 ÷ 11 = □　　880 ÷ 110 = □

c) 12 × 5 = 60　　120 × 5 = □　　12 × 50 = □

5

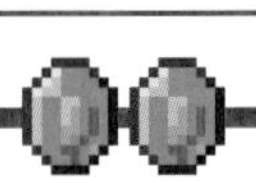

かけ算やわり算の組み合わせを考えましょう。組み合わせを完成させると、クリーパーにダメージを与えることができます。

例：4 × 17 = 68なら、40 × 17 = 680

考えられるかけ算やわり算の組み合わせ	40 × 17 = 680 680 ÷ 17 = 40	17 × 40 = 680 680 ÷ 40 = 17

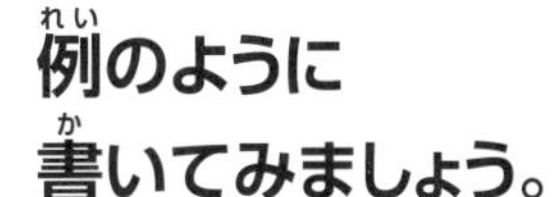

3 × 18 = 54なら、30 × 18 = □

例のように書いてみましょう。

□ × □ = □　　□ × □ = □

□ ÷ □ = □　　□ ÷ □ = □

手に入れた数のエメラルドを色でぬろう!

2けたの数のかけ算

オスカーは体力を回復するためにパンをかじりました。
その時、オスカーはとつぜん後ろからおそわれます。
振りむくと、そこにはエンダーマンがいました。こっちにまっすぐ向かってきます！

1

右の例を参考に数を分解して、かけ算をしましょう。
a)からd)の ＿＿ に当てはまる数字を書きましょう。

例

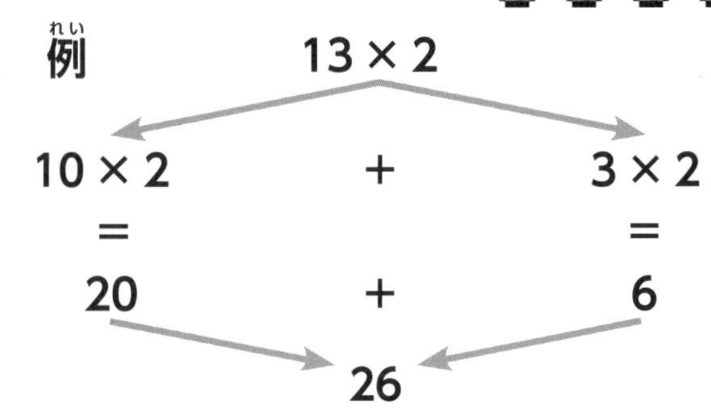

a) 29 × 4

＿＿ × ＿＿ + ＿＿ × ＿＿
= =
＿＿ + ＿＿
＿＿

b) 36 × 8

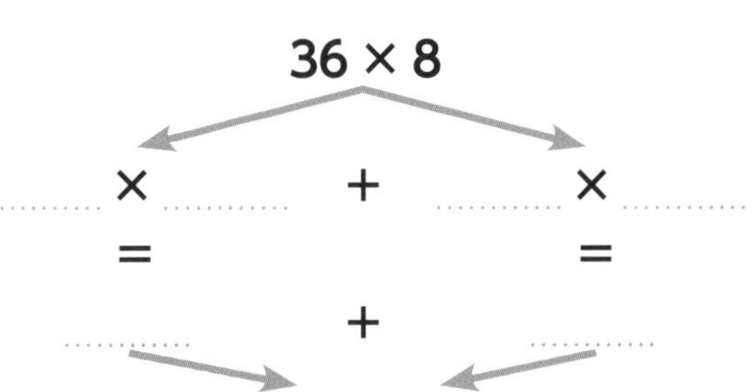

c) 46 × 3

＿＿ × ＿＿ + ＿＿ × ＿＿
= =
＿＿ + ＿＿
＿＿

d) 31 × 5

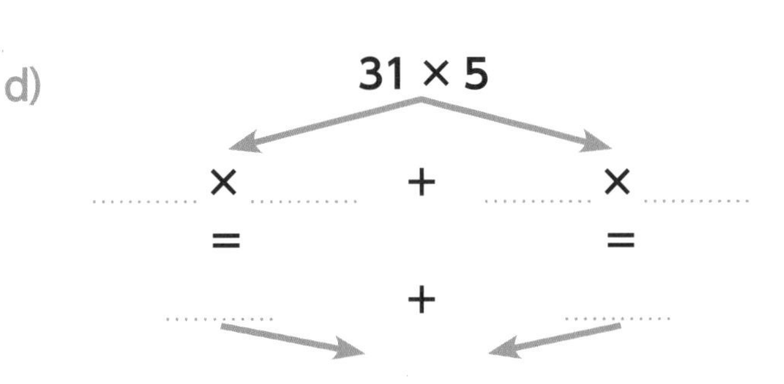

2

次のかけ算を、例のように表に分解して、計算しましょう。

例：
$63 \times 4 = 252$

×	60	3
4	240	12

a) $28 \times 3 =$ ＿＿

×		

b) $24 \times 8 =$ ＿＿

×		

c) $26 \times 4 =$ ＿＿

×		

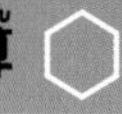

オスカーはなんとかエンダーマンを倒すことができました。しかし、1人で戦うにはモンスターが多すぎるようです。オスカーは急いでたき火のある場所にもどり、すぐにオオカミといっしょにかくれる木のシェルターを作りました。体力を回復するためには食べ物が必要です。

3

オスカーはシェルターを作るのに必要な木材の数を計算します。例を参考にかけ算を筆算でしましょう。

例：28 × 4 = 112

$$\begin{array}{r} 28 \\ \times\quad 4 \\ \hline 32 \\ +\quad 80 \\ \hline 112 \end{array}$$

a) $\begin{array}{r} 48 \\ \times\quad 4 \\ \hline \end{array}$

b) $\begin{array}{r} 23 \\ \times\quad 3 \\ \hline \end{array}$

c) $\begin{array}{r} 37 \\ \times\quad 8 \\ \hline \end{array}$

d) $\begin{array}{r} 31 \\ \times\quad 4 \\ \hline \end{array}$

4

好きな計算のしかたで、下のグループの合計を計算しましょう。

a) 19こずつのまとまりが8つ

b) 58こずつのまとまりが3つ

c) 27こずつのまとまりが4つ

手に入れた数のエメラルドを色でぬろう!

2けたの数のわり算

オスカーは朝までシェルターにこもることにしました。
ベッドがないので、ひまつぶしに壁のブロックを1つ取りのぞいて、
通りがかりのモンスターと戦うことにしました。オオカミはどんどん成長しています。
もうすぐいっしょに戦ってくれるはずです。

例①と例②を参考に、a)とb)の2ケタのわり算を工夫して解きましょう。

たとえば　88 ÷ 4 の場合…

▼例①

十の位	一の位
10 10	1 1
10 10	1 1
10 10	1 1
10 10	1 1

※「88」を位ごとに、それぞれ「4」つのマスに分けました。

▼例②

※「88」を十の位と一の位に分けて計算しました。

88 ÷ 4

80 ÷ 4 = 20　　8 ÷ 4 = 2

88 ÷ 4 = 20 + 2 = 22

a)　63 ÷ 3

十の位	一の位

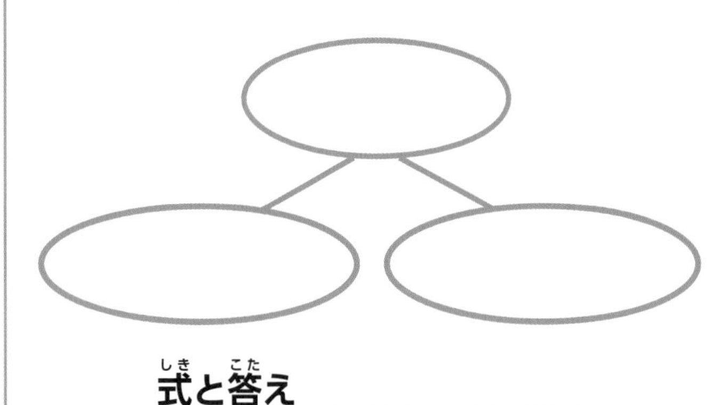

式と答え ……………………

b)　84 ÷ 4

十の位	一の位

式と答え ……………………

2

わられる数の十の位が、わる数でわり切れない数のときは、数の分け方を工夫してみましょう。

例えば 42 ÷ 3 の場合…

十の位	一の位
10	1 1 1 1
10	1 1 1 1
10	1 1 1 1

※十の位の「40」は3ではわり切れないので、まず3でわり切れる「30」を十の位にならべました。次に残りの「12」を一の位にかきました。

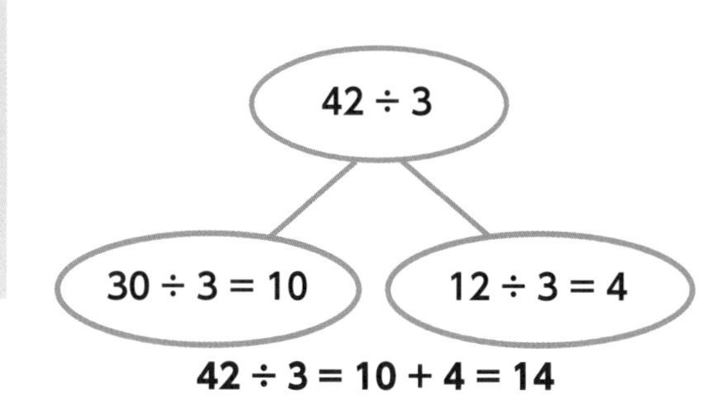

次のa)とb)のわり算を、十の位、一の位に工夫して分けて、下の表を完成させましょう。

a) 51 ÷ 3

十の位	一の位

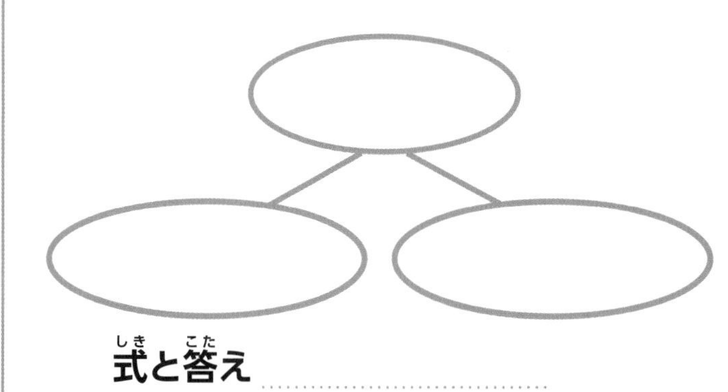

式と答え ……………………

b) 68 ÷ 4

十の位	一の位

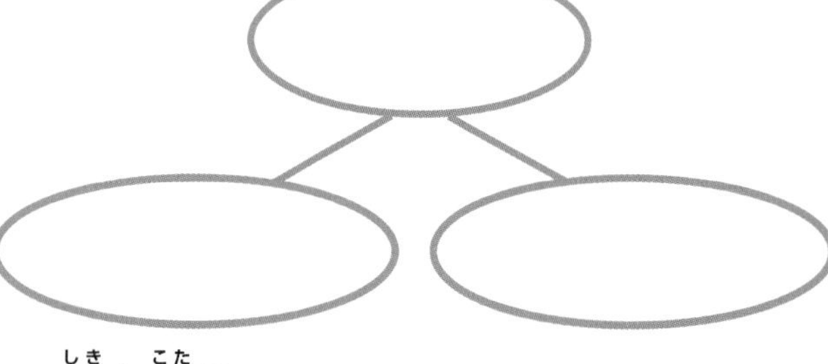

式と答え ……………………

3

好きな計算のしかたを使って下のわり算の答えを求めましょう。

a) 85 ÷ 5　　b) 76 ÷ 4　　c) 60 ÷ 4　　d) 95 ÷ 5

手に入れた数のエメラルドを色でぬろう!

文章問題

日がのぼったので、オスカーはシェルターを解体します。ムーンは一晩で大人のオオカミに成長しました。オスカーは家に帰りました。マヤは、友だちのマックスとエリーと遊んでいました。オスカーもいっしょに遊び始めます。

1

オスカー、マヤ、マックス、エリーは同じチームです。的に矢を当てるたびに3ポイントもらえます。下は、それぞれがもらったポイントです。

オスカー：12 ポイント，マヤ：27 ポイント，マックス：15 ポイント，エリー：18 ポイント

a) それぞれ何回、的に矢を当てたでしょうか？

オスカー：☐ マヤ：☐ マックス：☐ エリー：☐

b) 4人みんなが的に矢を当てた数は、合計でいくつでしょうか？ ☐回

c) マヤが的に矢を当てた数は、エリーより何回多いでしょうか？ ☐回

d) チームが勝つためには、全員で合計90ポイント必要です。みんなはあと何回、的に矢を当てれば勝てるでしょうか？ ☐回

2

クモは足が8本あります。ラマとウマは足が4本あります。
クモ5匹、ラマ4匹、ウマ3頭あわせて
足は合計何本でしょう？

☐本

3

オスカーは持ち物を等分しています。分けた後の1人分のアイテムの数を計算しましょう。

a) 70本の矢を5人に分ける ☐本

b) 69枚の羽根を3人に分ける ☐枚

c) 96このベリーを8人に分ける ☐こ

手に入れた数のエメラルドを色でぬろう！

冒険を終えて…

新しい仲間

オスカーは冒険を楽しみました。たくさん戦ったので、ゆっくり休みたいと思っています。アイテムを分けて、倉庫にしまう作業をしました。オスカーが近くを通るたびに、オオカミは親しげに鳴きます。オスカーとオオカミはとても強い友情で結ばれているようです。

ネザーゲートを作ろう

オスカーは、モンスターに負けなかったことと、ピンチの時にいい作戦を立てられたことを誇りに思っています。オスカーは寝る前に、マヤとネザーゲートを作ることについて話し合うことにしました。マヤが明日ネザーゲートを作ると決めたので、オスカーはしっかり休むことにします。

おやすみなさい!

オスカーがベッドルームに向かうと、オオカミが後を追いかけます。オスカーはベッドに横になり、オオカミは彼の足元で丸くなりました。どちらもぐっすり眠ってしまいました。オオカミはウサギを追いかける夢を、オスカーはエンダーマンと戦う夢を見ています。

分数

自然の気配

平原では、マヤが家を出たところです。今日はとっても天気がよくて気持ちいいです。やるべきことを始める前に、マヤは庭でまわりの音をじっくり聞くことにしました。家のうらでニワトリが鳴いている声や、木々をゆらす風の音がします。とてもおだやかなひと時です。マヤは自然が大好きで、自然の中にいると幸せな気持ちになります。

ネザーゲートの準備

マヤはまず、飼っている動物にエサをあげます。今日の予定は、ネザーゲートを作ることです。マヤは家の近くにネザーゲートを作ることにしました。まずは土台を作り、そのまわりにフェンスを作ろうと思っています。

10分の1

マヤはネザーポータルの土台から作り始めます。
土台の床は、磨かれた花崗岩で作ります。床は柱で支えます。
まず、マヤは10×10このブロックで正方形を作りました。

これは、磨かれた花崗岩ブロックを10こ置く場所を表しています。

a) ブロックの $\frac{3}{10}$ が赤、$\frac{2}{10}$ が黄色、$\frac{1}{10}$ が青、残りが灰色になるように、ブロックに色をぬりましょう。

b) 10このブロックのうち、灰色にぬられているのはいくつですか？ 分数で答えましょう。

2

下の目盛りで、空いている□に分数を書きましょう。

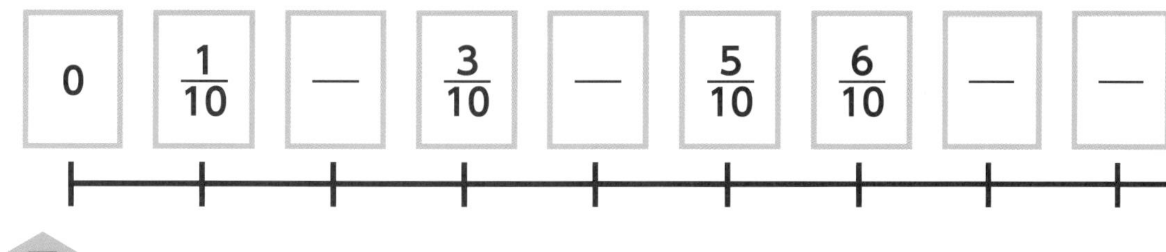

0	$\frac{1}{10}$	—	$\frac{3}{10}$	—	$\frac{5}{10}$	$\frac{6}{10}$	—	—	$\frac{9}{10}$	1

3

それぞれの数の $\frac{1}{10}$ を書きましょう。

a) 村人30人の $\frac{1}{10}$

□人

b) 花100本の $\frac{1}{10}$

□本

c) カボチャ3この $\frac{1}{10}$

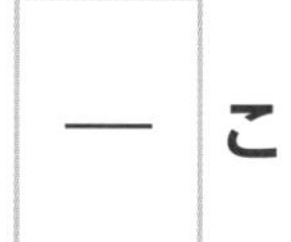

—こ

d) ケーキ7この $\frac{1}{10}$

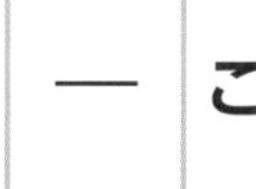

—こ

手に入れた数のエメラルドを色でぬろう!

分数で表そう

マヤは土台の床に柱を立てようとしています。柱は角に1本ずつ作ります。材料をしまったチェストの中に何かいいものがないか探してみます。マヤは荒野で見つけたテラコッタがあることを思い出しました。2つの色のうち、どちらを使うか悩んでいます。

a) オレンジ色のテラコッタが5こならんでいます：

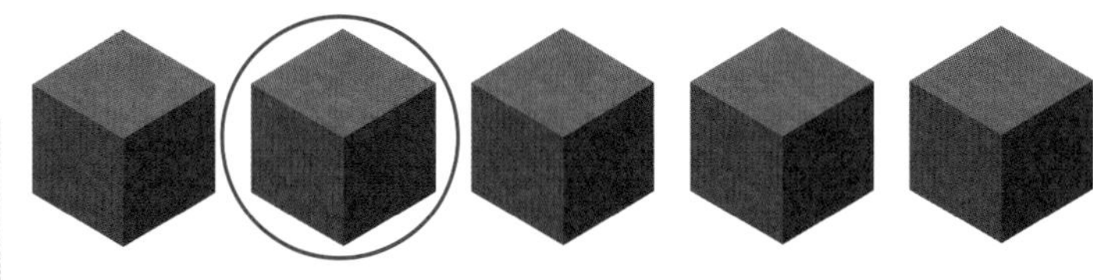

○がついているブロックの数は、全体の何分の何でしょうか?

b) 黄色のテラコッタが3こならんでいます：

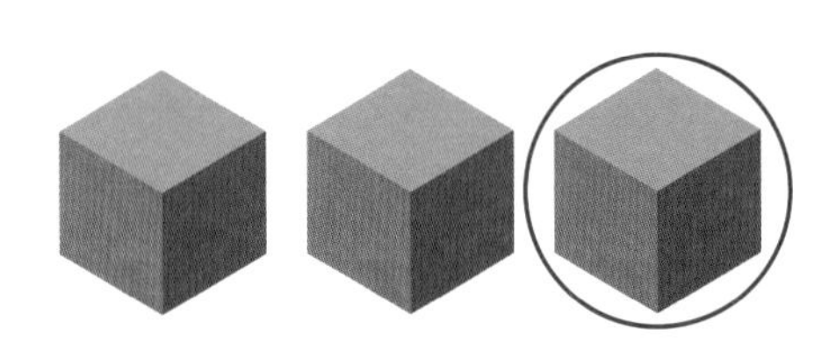

○がついているブロックの数は、全体の何分の何でしょうか?

2

動物が全部で8匹います。

a) ウシの数は、全体の何分の何でしょうか。分数で答えましょう。

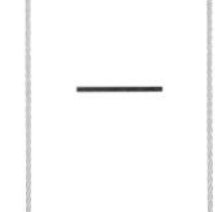

b) ブタの数は、全体の何分の何でしょうか。分数で答えましょう。

マヤは花崗岩の土台を作り、オレンジ色のテラコッタで柱を作りました。
次は、黒曜石でネザーゲートの枠を作ります。
黒曜石を作るには、まず1×7ブロックの水路を掘って、バケツで水を流します。
次に、ブロックの中の水に溶岩を流しこみます。

3

a) 7このブロックでできた水路を、溶岩が流れています。
右の7このブロックのうち、溶岩のブロックの数を分数で答えましょう。 □/□

b) 9このブロックでできた水路を、溶岩が流れています。
右の9このブロックのうち、溶岩のブロックの数を分数で答えましょう。 □/□

4

下の目盛りをよく見て、矢印が指している場所を分数で答えましょう。

□/□　□/□　□/□

0　2

5

マヤは土台に柵をつけるため、木のブロックを12こ用意しました。
ブロックの $\frac{1}{2}$ はトウヒの木、$\frac{1}{4}$ はカシの木、のこりはカバの木です。
それぞれ何このブロックを持っているでしょう?

トウヒの木：□ こ　カシの木：□ こ　カバの木：□ こ

手に入れた数のエメラルドを色でぬろう!

いくつかな？

マヤは土台を囲む柵をトウヒの木で作ることにしました。丸太を切って木材にして、木材の $\frac{1}{3}$ を棒にします。この材料でマヤはトウヒの木の柵を作りました。さらに柱のまわりに花を植えて飾りつけることにしました。

1

トウヒの木の柵が16こあります：

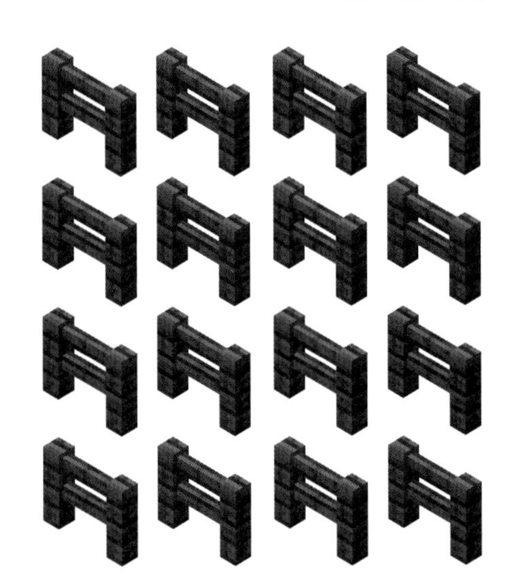

a）柵の $\frac{1}{4}$ を青い○でかこみましょう。

b）柵の $\frac{3}{4}$ を赤い○でかこみましょう。

c）16この柵について、下の文を完成させましょう：

16この $\frac{1}{4}$ は □ こ、16この $\frac{3}{4}$ は  こ。

2

次の数はいくつでしょうか。

a）オレンジのチューリップ15本の $\frac{1}{5}$　□ 本

b）ヤグルマギク16本の $\frac{1}{8}$　□ 本

c）ライラック12本の $\frac{1}{3}$　□ 本

3

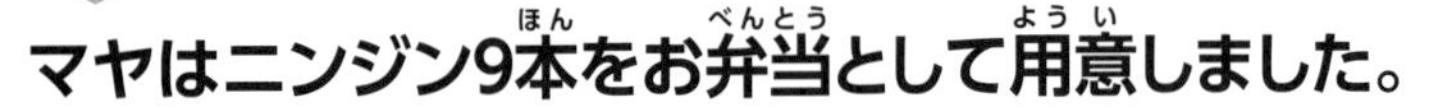

マヤはニンジン9本をお弁当として用意しました。

朝にはニンジンの $\frac{1}{9}$ を食べました。

お昼には残りのニンジンの $\frac{1}{4}$ を食べました。

午後には残りのニンジンの $\frac{2}{3}$ を食べました。

残っているニンジンは何本でしょう？ □ 本

マヤが作業をしていると、
ヒツジの声が聞こえました。
遠くにクリーパーがいます！
爆発したら動物がけがをするかも
しれません。
マヤは急いでクリーパーを倒しました。
柵を建てる作業に戻ったマヤは、
みんな無事か確かめるため、
動物たちを数えます。

4

次の数はいくつでしょうか。

a) ヒツジ24匹の $\frac{3}{4}$ 　□ 匹

b) ウシ20頭の $\frac{2}{5}$ 　□ 頭

c) ニワトリ45羽の $\frac{3}{5}$ 　□ 羽

d) ブタ12匹の $\frac{2}{3}$ 　□ 匹

5

下の□に <、>、= のいずれかの記号を書きましょう。

a) ヒツジ12匹の $\frac{3}{4}$ □ ヒツジ24匹の $\frac{1}{3}$

b) ウシ16頭の $\frac{3}{8}$ □ ウシ20頭の $\frac{2}{5}$

c) ニワトリ18羽の $\frac{2}{3}$ □ ニワトリ45羽の $\frac{4}{9}$

d) ブタ24匹の $\frac{3}{4}$ □ ブタ36匹の $\frac{1}{2}$

手に入れた数の
エメラルドを色でぬろう!

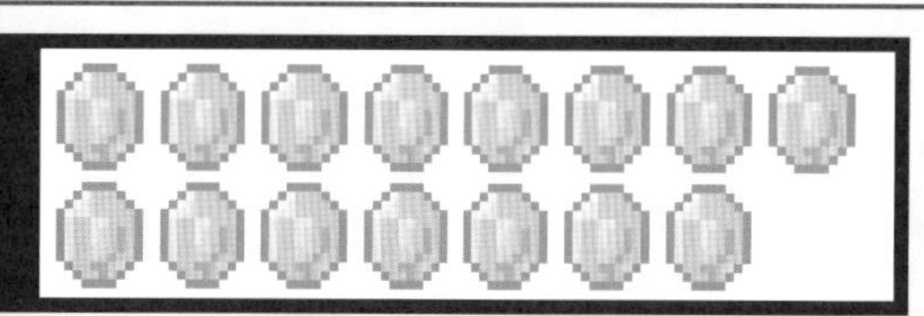

分数の足し算と引き算

マヤが水路に残った水をバケツですくうと、黒曜石ブロックが14こできていました。
ここから黒曜石を割って、1つ1つのブロックにしていきます。
黒曜石はとても硬く、ダイヤモンドのツルハシでしか採掘できません。
でも大丈夫、マヤはダイヤモンドのツルハシを1本持っています！

それぞれの分数の式に合うように、□のマスをぬり、式の答えを考えましょう。

a) □□□/□□□ ＋ □□□/□□□ ＝ □□□/□□□　　$\frac{1}{6}+\frac{3}{6}=$ □

b) □□/□□ ＋ □□/□□ ＝ □□/□□　　$\frac{1}{4}+\frac{2}{4}=$ □

2

黒曜石を採掘するには、何度もツルハシで叩かなければなりません。
1回ではなく、少しずつ削り出すのです。
例のようにマスの表を使って、分数の計算をしてみましょう。

例：
$\frac{5}{6}-\frac{2}{6}$ の計算をしてみましょう。

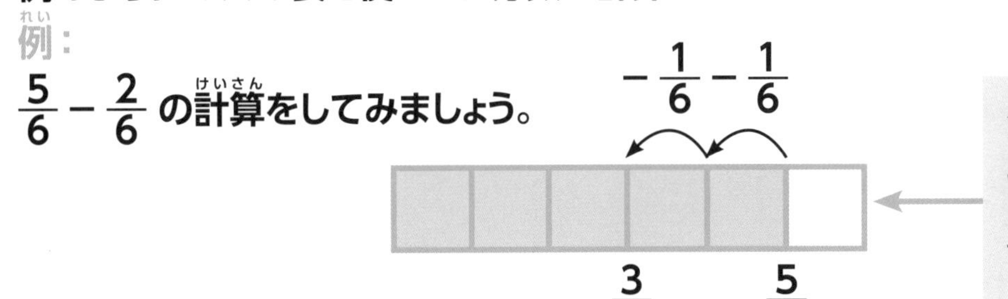

分数のマスを
使うと分かりやすいです。
$\frac{5}{6}-\frac{2}{6}=\frac{3}{6}$

a) $\frac{2}{6}+\frac{3}{6}=$ □

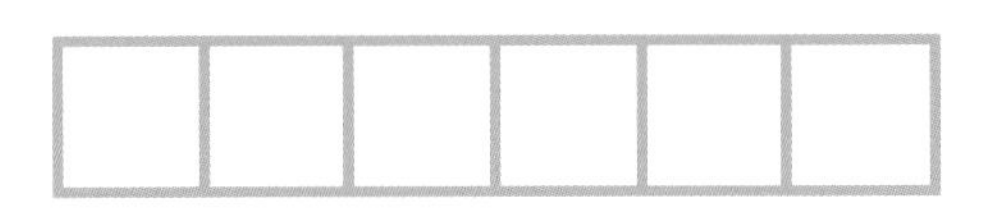

b) $\frac{7}{8}-\frac{3}{8}=$ □

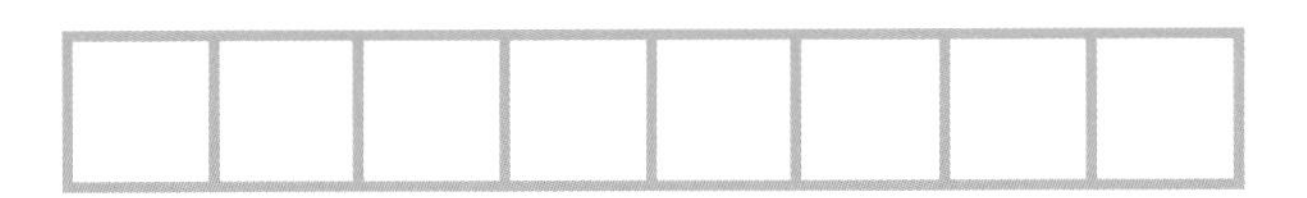

c) $\frac{5}{9}-\frac{4}{9}=$ □

いよいよ、黒曜石でネザーゲートを作ります。マヤはまず、土台に黒曜石を4こ置きました。次に両端のブロックに黒曜石を3こ積み上げ、さらに横に4ブロックを組めば、ネザーゲートの完成です。

3

分数の計算をしましょう。

a) $\frac{2}{7}+\frac{3}{7}=$ □

b) $\frac{8}{14}-\frac{5}{14}=$ □

オスカーはネザーゲートの完成を祝うため、ケーキをひとつ持ってマヤの所に向かいます。

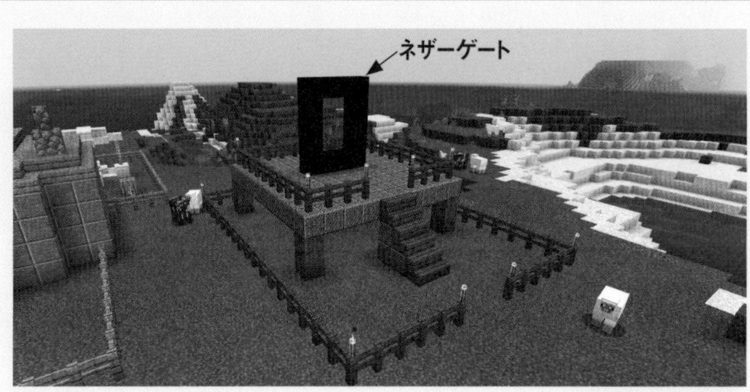

4

オスカーとマヤはケーキを6等分しました。

a) オスカーが3切れ、マヤが1切れ食べた場合、ケーキ全体のどれだけ食べたことになりますか？　分数で答えましょう。

b) オスカーが4切れ、マヤが1切れ食べた場合、ケーキ全体のどれだけのこっていますか？　分数で答えましょう。

c) オスカーが4切れ、マヤが2切れ食べた場合、オスカーはマヤよりどのくらい多く食べていますか？　分数で答えましょう。

5

下の式で、□に当てはまる分数を書きましょう。

a) $\frac{3}{8}+$ □ $=\frac{7}{8}$

b) □ $-\frac{3}{8}=\frac{4}{8}$

手に入れた数のエメラルドを色でぬろう！

大きさの等しい分数

下は、分数の大きさを図で表したものです。

1
$\frac{1}{2}$ | $\frac{1}{2}$
$\frac{1}{4}$ | $\frac{1}{4}$ | $\frac{1}{4}$ | $\frac{1}{4}$
$\frac{1}{8}$ | $\frac{1}{8}$ | $\frac{1}{8}$ | $\frac{1}{8}$ | $\frac{1}{8}$ | $\frac{1}{8}$ | $\frac{1}{8}$ | $\frac{1}{8}$
$\frac{1}{5}$ | $\frac{1}{5}$ | $\frac{1}{5}$ | $\frac{1}{5}$ | $\frac{1}{5}$
$\frac{1}{10}$ | $\frac{1}{10}$ | $\frac{1}{10}$ | $\frac{1}{10}$ | $\frac{1}{10}$ | $\frac{1}{10}$ | $\frac{1}{10}$ | $\frac{1}{10}$ | $\frac{1}{10}$ | $\frac{1}{10}$

1

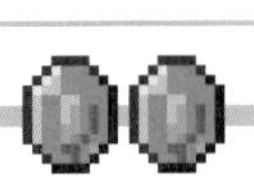

a)とb)それぞれのイラストの図を参考に、大きさの等しい分数を□に書きましょう。

a)

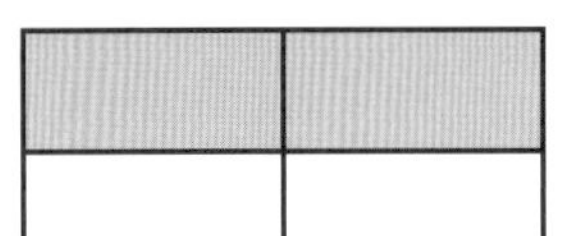
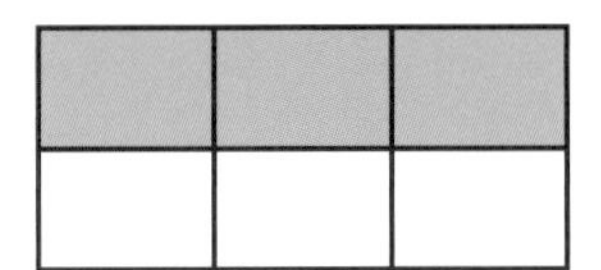
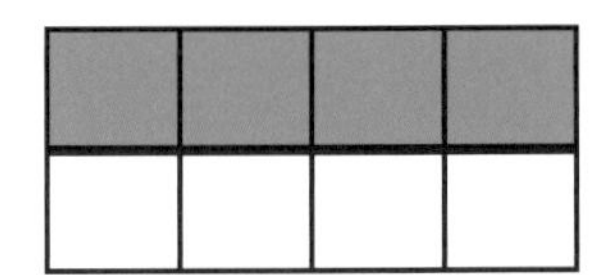

□ ＝  ＝ 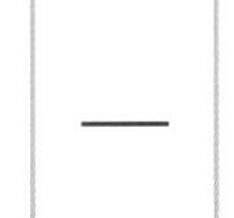 ＝ 

b)

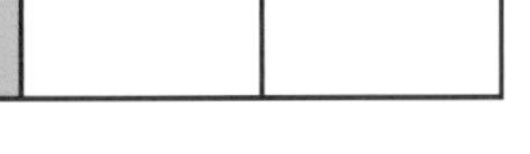

□ ＝  ＝ 

2

それぞれの図の半分をぬりましょう。ぬった部分の分数を□に書きましょう。

a) $\frac{\square}{4}$

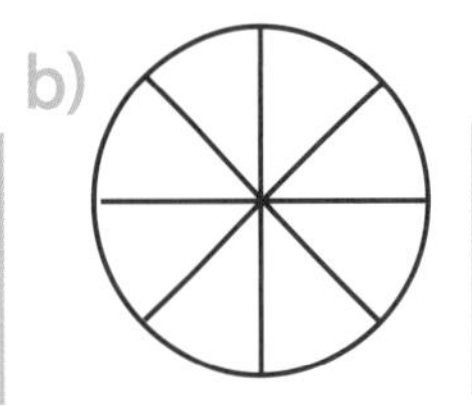

b) $\frac{\square}{8}$

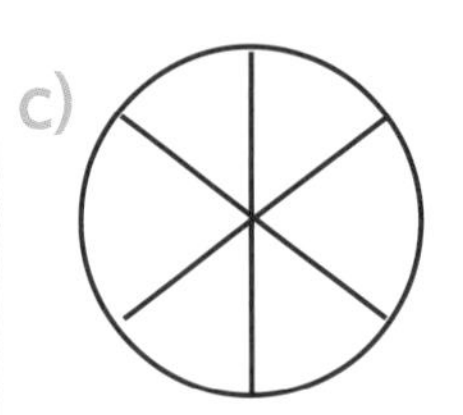

c) $\frac{\square}{6}$

d) $\frac{\square}{10}$

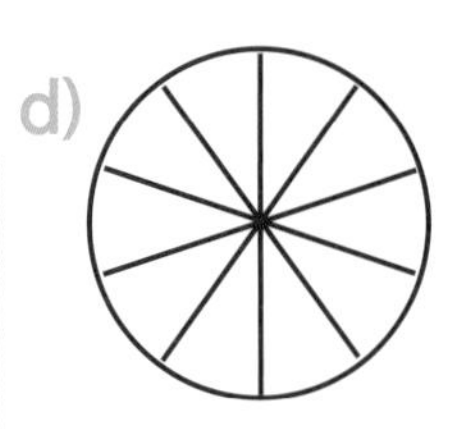

マヤはカラフルなテラコッタを使って、新しい建物を作ってみることにしました。マヤはこの建物をエンチャントする（道具や武器などに特殊能力をつける）部屋にすることに決めました。マヤはさまざまな色のテラコッタブロックを持っているので、それを使い壁や床に模様をつけることにしました。

3

大きさの等しい分数は、
分子と分母に同じ数をかけることで
見つけられます。

例：

$$\frac{3}{4} = \frac{6}{8}$$

（分子 × 2、分母 × 2）

例を参考に、大きさの等しい分数を考えて、□に当てはまる数を書きましょう。

a)

$\frac{1}{2} = \frac{2}{\square} = \frac{4}{\square}$　（× 2　× 2）

$\frac{1}{3} = \frac{2}{\square} = \frac{4}{\square}$

$\frac{2}{5} = \frac{\square}{10} = \frac{\square}{20}$

b)

$\frac{16}{20} = \frac{8}{\square} = \frac{4}{\square}$　（÷ 2　÷ 2）

$\frac{8}{12} = \frac{4}{\square} = \frac{2}{\square}$

$\frac{40}{100} = \frac{\square}{50} = \frac{\square}{25}$

4

□をうめて大きさの等しい分数にしましょう。

a) $\frac{1}{5} = \frac{\square}{15} = \frac{\square}{30}$

b) $\frac{2}{3} = \frac{6}{\square} = \frac{12}{\square}$

c) $\frac{2}{4} = \frac{8}{\square} = \frac{16}{\square}$

手に入れた数の
エメラルドを色でぬろう!

分数を比べる、並べる

マヤはエンチャント部屋の壁にそって本棚を置きました。
本棚が多いほど、道具や武器に強いエンチャントをかけられます。

図形に、下の分数を表すように色をぬり、それぞれ大きい方の分数に○をつけましょう。

a)

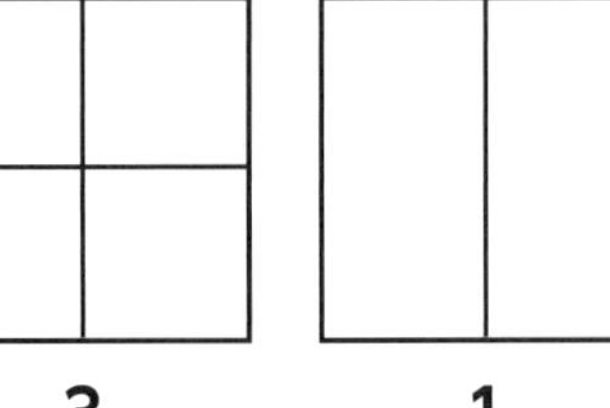

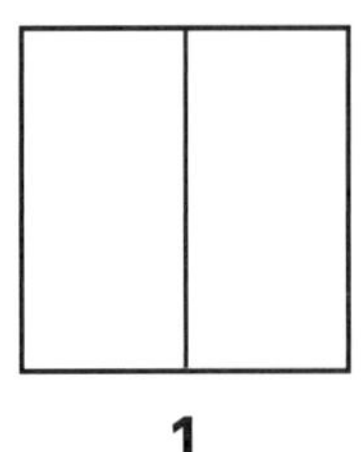

$\frac{3}{4}$ $\frac{1}{2}$

b)

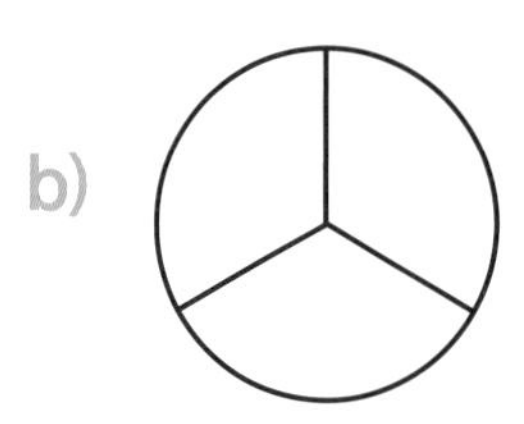

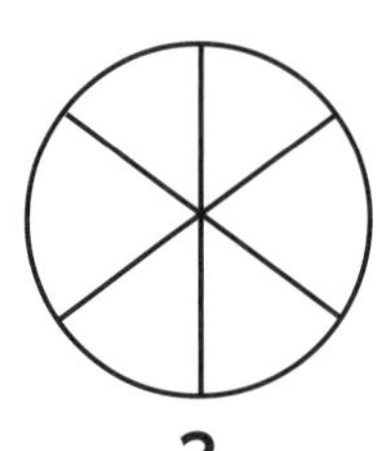

$\frac{2}{3}$ $\frac{3}{6}$

2

図の左にある分数を表すように、図形に色をぬりましょう。
次に、□に　>、<、＝　いずれかの記号を書きましょう。

a) $\frac{1}{3}$

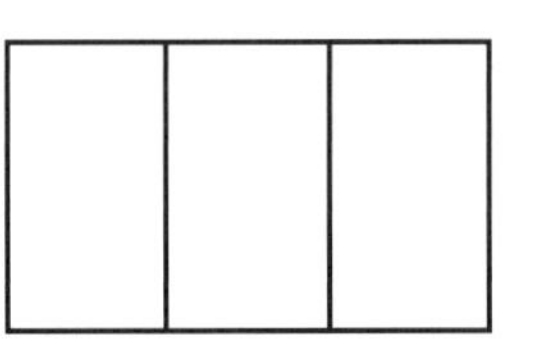

$\frac{4}{6}$

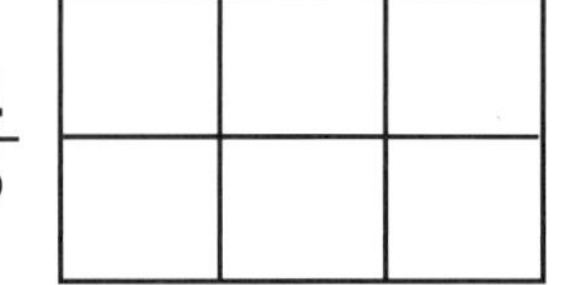

$\frac{1}{3}$ □ $\frac{4}{6}$

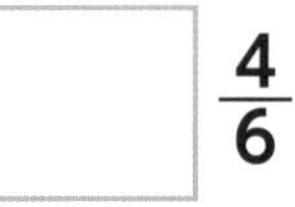

b) $\frac{1}{2}$

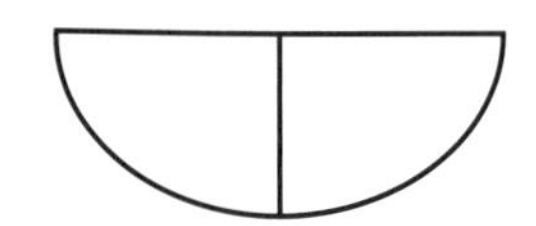

$\frac{3}{4}$

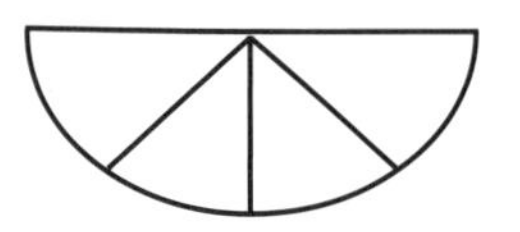

$\frac{1}{2}$ □ $\frac{3}{4}$

c) $\frac{5}{8}$

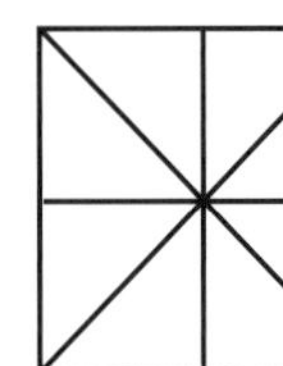

$\frac{1}{2}$

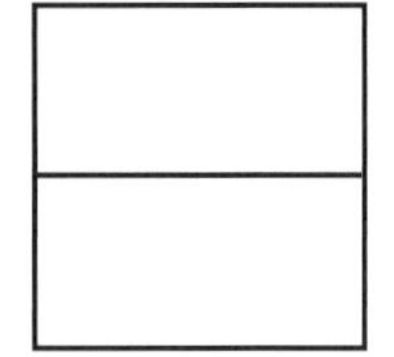

$\frac{5}{8}$ □ $\frac{1}{2}$

d) $\frac{3}{5}$

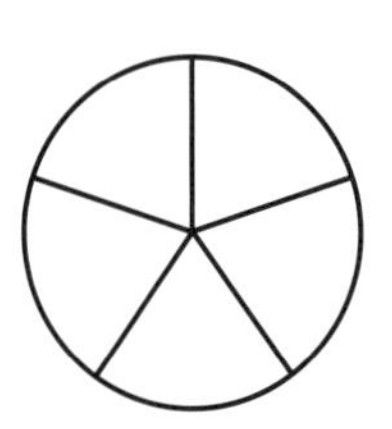

$\frac{6}{10}$

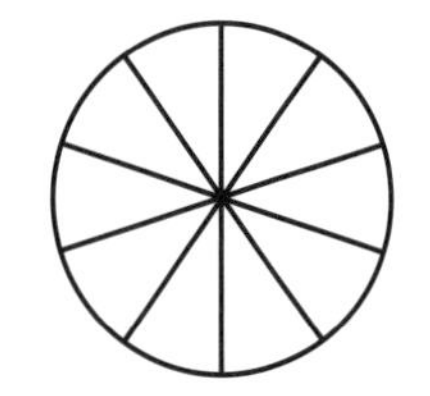

$\frac{3}{5}$ □ $\frac{6}{10}$

いよいよ最後の仕上げです。マヤはエンチャントテーブルを作ります。必要な材料は、本1冊、ダイヤモンド2こ、黒曜石4こです。エンチャントするには、経験値のほか、コストとしてラピスラズリも必要です。マヤはさっそくエンチャントテーブルを使って、道具や武器をエンチャントしてみることにしました。

3

下の分数を小さい数から大きい順に正しく書きましょう。そうすれば、鉄の剣をエンチャントし、「聖なる力I」の効果を手に入れることができます。

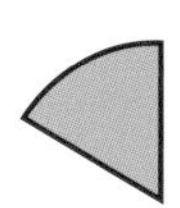 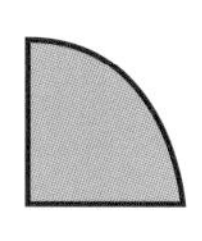 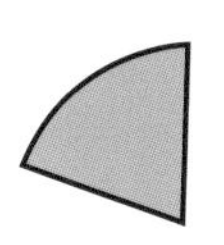 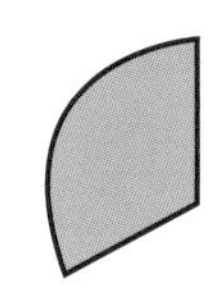 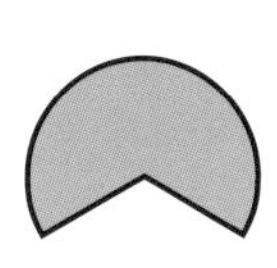 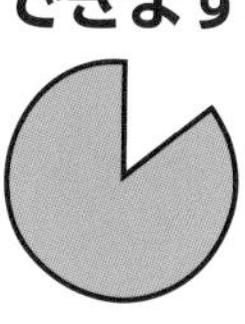

$\frac{1}{6}$　$\frac{1}{4}$　$\frac{1}{3}$　$\frac{1}{5}$　$\frac{2}{3}$　$\frac{5}{6}$

4

下の数直線の□に、$\frac{1}{4}$、$\frac{1}{10}$、$\frac{3}{5}$、$\frac{1}{2}$ の中から当てはまる分数を正しく書きましょう。そうすれば鉄の鎧をエンチャントし、「火炎耐性II」の効果を手に入れることができます。

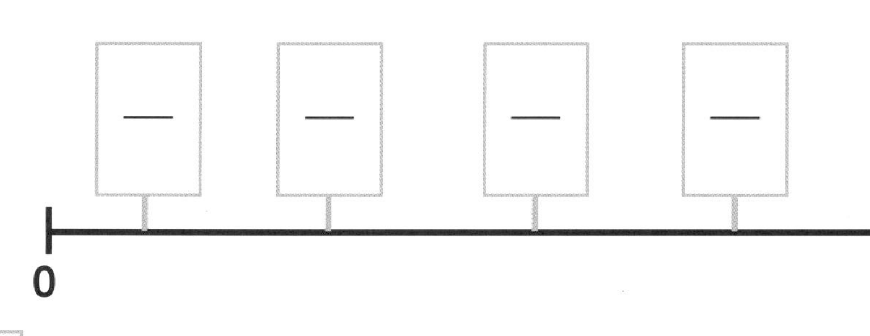

5

下の□に　>、<、=　いずれかの記号を正しく書くことができれば、ダイヤモンドのツルハシをエンチャントし、「幸運I」の効果を手に入れることができます。

a) $\frac{2}{8}$ □ $\frac{1}{10}$　　b) $\frac{6}{8}$ □ $\frac{3}{4}$

c) $\frac{3}{4}$ □ $\frac{4}{5}$　　d) $\frac{3}{5}$ □ $\frac{1}{2}$

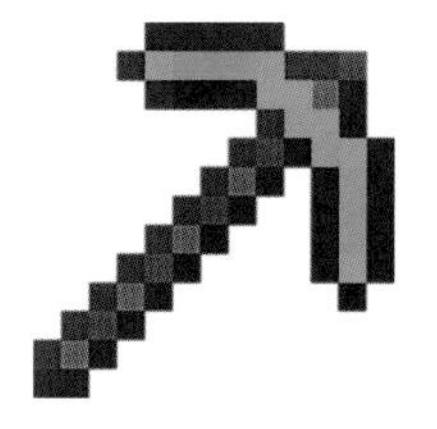

※わからない時には、52ページの分数の図を見てみよう。

手に入れた数のエメラルドを色でぬろう!

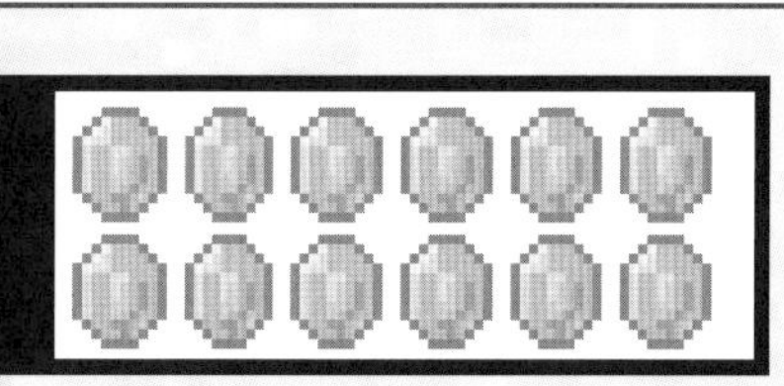

分数の問題

大仕事を終えたマヤは、今日作ったエンチャント部屋とネザーゲートを誇らしげに眺めます。足りないものと言えば、エンチャント部屋の屋根だけです。

1

マヤは、カシの階段ブロック20こを使って屋根を作っています。いま屋根の $\frac{3}{10}$ だけ完成しました。

a) マヤはカシの階段ブロックをいくつ使ったでしょう？ □ こ

b) 屋根の完成まで、あとどれくらい残っているか分数で答えましょう。 $\frac{\square}{\square}$ こ

2

文章を読んで、数を計算しましょう。

a) オスカーは、マヤが持っている小麦の $\frac{1}{5}$ の小麦を持っています。
マヤが持っている小麦は35こです。
オスカーは小麦を何こ持っていますか？ □ こ

b) オスカーは、マヤが持っているサトウキビの $\frac{1}{3}$ のサトウキビを持っています。
オスカーが持っているサトウキビは9こです。
マヤはサトウキビを何こ持っていますか？ □ こ

3

マヤはエンチャント部屋の外にボタンの花を12本、植えました。

a) マヤは、4は3より大きいので、花だんの $\frac{1}{4}$ は $\frac{1}{3}$ よりも大きいと思っています。
マヤの言っていることは合っていますか？　それとも間違っていますか？
答えとその理由を書きましょう。

マヤは12本の花の $\frac{1}{6}$ をつみ、オスカーは $\frac{3}{6}$ をつみました。

b) 花だんに残っている花は全体の何分の何ですか？ $\frac{\square}{\square}$

c) 残った花は何本ですか？ □ 本

手に入れた数のエメラルドを色でぬろう!

冒険を終えて…

達成感でいっぱいの1日

マヤは今日、とてもがんばりました。ネザーゲートの枠を作り、道具をエンチャントするための部屋まで作りました。さっそく経験値を使って道具にエンチャントを付けることができました。これで、今後の冒険が楽になります!

異次元への扉

マヤとオスカーは、ネザーゲートの黒曜石の枠を見つめています。あとは火打ち石で火をつけるだけです。火をつけると、枠の中が紫色になりネザーゲートが現れます。紫色の光の中に立つと、ネザーへ転送されます。そこはとても危険ですが、貴重な材料とモンスターでいっぱいです。

この先には何があるの?

マヤとオスカーは、それぞれ休む前に話し合いました。2人は明日、ネザーゲートに入ると決めました。2人とも少し緊張していますが、今までの経験を活かせば大丈夫だと分かっています。マヤは明日がどうなるか考えながら眠りました。

色々なはかり方

向こうには何が？

オスカーとマヤは、火打ち石と打ち金でネザーゲートを開きました。ゲートは紫色に光輝いています。2人は光の中に入りながら、剣をしっかりとにぎって、初めての場所に向かう覚悟を決めました。紫色の光が消えると、2人はネザーの荒地に立っていました。

準備万端!

ネザーは危険なモンスターが暮らす恐ろしいエリアです。地面は暗黒石という赤い石でできています。川はなく、ここには水すらないのです。ネザーに流れているものは、溶岩だけです。ネザーに入る者は、しっかり準備を整えなければなりません。ここでは一歩まちがえただけで死んでしまうかもしれないのです。

モンスターがいっぱい

金の剣を持ったゾンビピグリンは、こちらから攻撃しなければ何もしてきません。空中に浮かぶガストは口から火の玉をはき出します。それから、ウィザースケルトン、ブレイズ、マグマキューブなど危険なモンスターがいっぱいです。

ストライダーに乗ってみよう

ストライダーというモンスターは、溶岩が大好きです。「歪んだキノコ付きの棒」でおびきよせ、鞍を付ければ冒険者は背中に乗ることができます!

いろいろな単位

長さの単位は、ミリメートル（mm）、センチメートル（cm）、メートル（m）。
重さの単位は、グラム（g）とキログラム（kg）です。
容器に入る量のことを容積と言います。
どちらもミリリットル（mL）とリットル（L）という単位ではかります。

オスカーとマヤがネザーの荒地に踏み出すと、暗黒石（硬い石のようなブロック）、ネザークォーツ（鉱石）、溶岩が見えます。

1

物さしを使って、並んでいる暗黒石ブロックの長さをはかり、cmで書きましょう。

暗黒石（※1ブロック=1cm）

□ cm

2

「はかり」の目盛りを見て、ネザークォーツの重さを書きましょう。

□ g

3

この容器には溶岩が入っています。

a)　この容器は何Lまで計ることができますか?

□ L

b)　容器に入っている溶岩の容積は何mLでしょうか?

□ mL

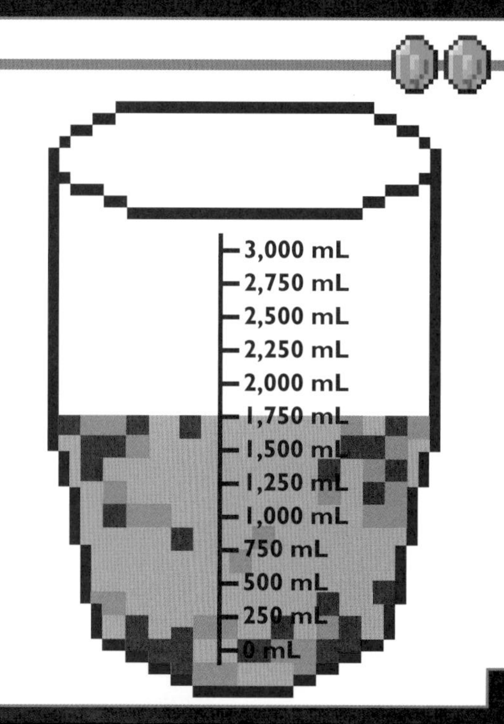

手に入れた数のエメラルドを色でぬろう!

測定したものを比べる

長さ：10 mm = 1 cm　100 cm = 1 m　1,000 m = 1 km
質量／重さ：1,000 g = 1 kg
かさ：1,000 mL = 1 L

オスカーとマヤは手分けして、ネザーを探検することにしました。
後でネザーゲートで待ち合わせするつもりです。

1

a)からc)のそれぞれの表で、等しいもの同士を線でつなぎましょう。

a)

1 m 50 cm	1,500 m
300 cm	150 cm
1 km 500 m	3 cm
30 mm	3 m

b)

3,000 mL	0.5 L
500 mL	3 L
5,000 mL	30 L
30,000 mL	5 L

c)

3 kg	2,050 g
2 kg 500 g	3,000 g
3 kg 500 g	2,500 g
2 kg 50 g	3,500 g

2

a)からc)それぞれで、長さ、重さ、かさが大きい方に○をつけましょう。

a)

b)

2 kg

1,500 g

c)

3,250 mL

5 L

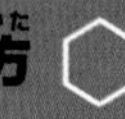

オスカーはネザーで採掘したり、木を切ったりしています。
初めて見る材料やアイテムがたくさんあり、
他にもいろいろ新しいものを見つけました。

3

35 cm 7 mm

3 cm 7 mm

317 cm

3 m 7 cm

上のアイテムの長さを、短い順に並べましょう。

< < <

4

はかりの目盛りを良く見て、それぞれのアイテムの重さを書きましょう。
次に、軽い順に並べましょう。

重さ：

重さ：

重さ：

重さ：

< < <

手に入れた数の
エメラルドを色でぬろう!

重さや長さなどの計算

重さや長さなどの足し算や引き算は、下のように単位ごとに分けて計算します。

1 kg 200 g + 2 kg 400 g = 3 kg 600 g

1 kg 200 g + 2 kg 400 g
= 1 kg + 2 kg + 200 g + 400g
= 3 kg + 600 g

3 km 250 m − 1 km 120 m = 2 km 130 m

3 km	
1 km	? km

3 km − 1 km = 2 km

250 m	
120 m	? m

250 m − 120 m = 130 m

オスカーは遠くに面白そうなものを見つけましたが、溶岩のせいでうまく進めません。
そこで、丸石を使って道を作ることにしました。
オスカーがルートを探すのを手伝ってあげましょう。

1

右の図は、オスカーが溶岩を避けることができるすべてのルートです。

A地点からB地点までのルートをすべて計算し、一番短いルートを探しましょう。

その距離は何mですか？

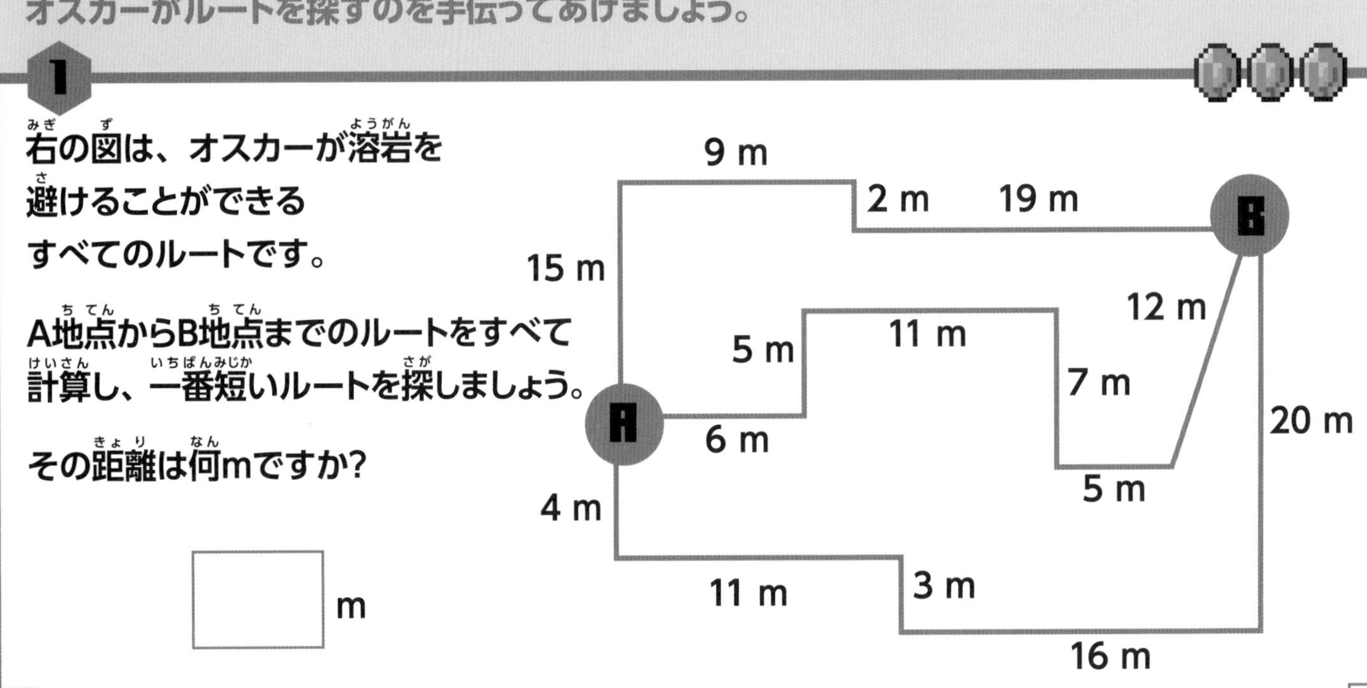

オスカーは溶岩に落ちずにすみました。さっき見つけたのは天井からぶら下がっているグロウストーンだったようです。明るく光っていて、とてもきれいです。オスカーはグロウストーンを取るために柱を作り、上にのぼっていきます。グロウストーンは採掘すると粉になります。粉を4つ組み合わせると、グロウストーンブロックを作れるようになります。

2

次の計算をしましょう。

a) 1 kg 220 g + 2 kg 410 g = ……………………

b) 2 L 500 mL + 5 L 205 mL = ……………………

c) 4 km 710 m + 2 km 105 m = ……………………

d) 5 km 360 m − 4 km 140 m = ……………………

e) 8 kg 900 g − 3 kg 350 g = ……………………

f) 3 cm 7 mm − 2 cm 5 mm = ……………………

3

 a) オスカーは今日全部で6 km 600 m歩きました。
朝は4 km 250 m歩きました。

朝のあとに歩いた距離は何km何mでしょうか。 ……………………

b) オスカーは一生けんめい作業していたので、体重が落ちてしまいました。
前は78 kg 500 gでしたが、今は73 kg 750 gです。

減った分の重さは何kg何gでしょうか。 ……………………

手に入れた数の
エメラルドを色でぬろう!

お金

ネザーでは、ピグリンというモンスターが暮らしています。ピグリンはとにかく金が大好きです。もし金の装備をしていなかったら、敵だと思われて逆に襲ってくるほどです。ピグリンは金の延べ棒とアイテムを交換してくれます。ここではお金の計算をしましょう。

1

下の紙幣やコインの合計は、それぞれいくらでしょうか。

a)     ……………… 円

b)  ……………… 円

c)        ……………… 円

d)   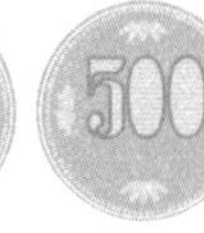    ……………… 円

2

次の計算をしましょう。

a) 1000円 + 500円 + 300円 + 20円 = ……………… 円

b) 4000円 + 700円 + 50円 + 4円 = ……………… 円

c) 5000円 + 800円 + 20円 + 15円 = ……………… 円

d) 10000円 + 7000円 + 600円 + 80円 = ……………… 円

オスカーは、金を採掘しています。
いつかピグリンたちと出会ったら、この金をエンダーパールに交換したいと思っています。
オスカーがせっせと地面を掘っていると、とつぜん爆発がおき、吹き飛ばされました！

3

次の計算をしましょう。

a) 2000円 + 300円 − 1000円 + 200円 = ... 円

b) 4000円 + 600円 − 2000円 + 700円 = ... 円

c) 8000円 + 300円 − 6000円 + 500円 = ... 円

d) 10000円 + 6500円 − 5000円 + 800円 = ... 円

4

 右のアイテムの価格をみて問題に答えましょう。

a) 右の3つのアイテム全部で、いくらになるでしょう。

.... 円

b) お客さんが3つのアイテム全部を買って5000円札で支払いました。

お釣りはいくらでしょうか。

.... 円

手に入れた数のエメラルドを色でぬろう!

時こく

ネザーでの爆発の後、なんとか立ち上がったオスカーでしたが、
ガストの火の玉がこちらに飛んできます！　ぎりぎりで避けることができましたが、
近くの地面は吹き飛びました。オスカーはとっさに剣を振り、
飛んでいる火の玉をガストに打ち返しました！

1

時計の時こくを読んでみましょう。
「○：○」と「●時●分」の両方で答えましょう。

a)

：

時　　　分

b)

：

時　　　分

c)

：

時　　　分

d)

：

時　　　分

オスカーのタイミングは完璧です。剣を使ってどんどん火の玉を打ち返し、ガストを倒すことができました。
オスカーは、ガストが小さな白い涙をこぼしたことを見逃しませんでした。
ガストの涙は、アイテムを作る材料になります。

下の時計の絵に針を描いて、それぞれの時こくを表しましょう。

a) 2:29

b) 4:53

c) 5:08

d) 10:32

時計が示している時こくは、何時何分でしょうか。

a)

b)

2つの時計の絵を見て、問題に答えましょう。

a)

上のa)の時計は、
午後 .... 時 .... 分です。

デジタル表示は .... : ....

b)

午前4時45分となるよう
b)に時計の針を書きましょう。

デジタル表示は .... : .... です。

手に入れた数の
エメラルドを色でぬろう!

時間の単位

1分＝60秒　1時間＝60分　1日＝24時間
1週間＝7日　1年＝365日（うるう年は366日）
日づけは年／月／日の順番に書くことが多いです。

オスカーはそろそろお昼寝がしたいころですが、
ネザーでベッドを使うと爆発してしまいます！
オスカーがご飯を食べて休けいしている間に、
問題を解きましょう。

a)　次の日づけは何月何日でしょうか。

- 1年の4番目の月の3日目　…………
- 1年の最後の日　…………
- 1年の6番目の月の1日目　…………
- 1年の8番目の月の最後の日　…………

b)　上の日づけを、早いものから順に並べましょう。

…………

…………

2

時間を変換してみましょう。

a)　20時間＝□分　　b)　2日＝□時間

c)　120秒＝□分　　d)　3分＝□秒

e)　21日＝□週間　　f)　600分＝□時間

3

カレンダーを使って
質問に答えましょう。

a) オスカーは、3月の第4木曜日に
近くの村まで買い出しに行きます。

買い出しに行く日は
何月何日でしょう?

....

3月

月	火	水	木	金	土	日
1	2	3	4	5	6	7
8	9	10	11	12	13	14
15	16	17	18	19	20	21
22	23	24	25	26	27	28
29	30	31				

b) 毎週水曜日はオスカーがチェストを
整理整とんする日です。
オスカーは3月には何回チェストを
整理整とんするでしょう?

....

c) オスカーは今から1週間後にネザーの別のバイオームを探検します。
今日が8日だった場合、別のバイオームに行くのは何月何日の何曜日ですか?

....

4

a)からd)の□に、<、>、= のいずれかの記号を書きましょう。

a) 240秒 □ 3分

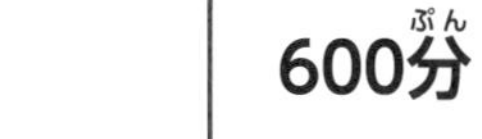

b) 6時間 □ 600分

c) 30日 □ 2月の日の数

d) 36時間 □ 2日

手に入れた数のエメラルドを色でぬろう!

時間と時こく

ネザーでは、いつモンスターに襲われるか分からないため、
なかなか休んだり気を抜くことができません。

次の期間を時間や分で表しましょう。

a) 動物たちにエサをあげる ➡ 午後6:30に始まり、午後7:30に終わる

b) 夕食を食べる ➡ 午後4:15に始まり、午後5:30に終わる

c) 作物を収穫する ➡ 午前7:15に始まり、午前8:45に終わる

2

オスカーは、家ではこんな生活をしています。

朝ご飯を食べる（午前）

精錬器の確認（午前）

料理をする（午後）

モンスター探しのパトロール（夜）

a) 朝ご飯から、精錬器の確認までの時間を書きましょう。

b) 精錬器の確認から、料理までの時間を書きましょう。

c) 朝ご飯からモンスター探しのパトロールまでの時間を書きましょう。

オスカーの持ち物が材料でいっぱいになってきました。
そこで、マヤを捜しにネザーゲートまで戻ることにしました。
ゲートに着くと、マヤからのメッセージが書かれた看板が立っていました。
「砦を見つけたから探検してくる。後でお家で会いましょう」。

3

次の作業のうち、どちらが遅い時こくに終わりますか?

- 午後3時15分から始まり、50分続くゲーム。
- 午後2時45分に始まり1時間10分かかる野菜の収穫。

……………………………………

4

下の出来事の終わりや始まりの時こくをもとめましょう。

a) 昼食は午後0時30分から始まり、50分かかります。

何時何分に終わりますか? ……………………

b) 洞窟の探検は午前10時35分から始まり1時間20分かかります。

何時何分に終わりますか? ……………………

c) ヒツジの毛狩りは45分かかり、午後3時30分に終わります。

何時何分に始まりましたか? ……………………

d) 精錬は23分かかり、午後5時52分に終わる。

何時何分に始まりましたか? ……………………

5

オスカーは午後1時15分にネザーゲートに向かって歩き始めました。

午後2時55分に、30分の休けいを取りました。
その後25分歩き、ネザーゲートに着きました。

ネザーゲートには何時何分に着きましたか? ……………………

手に入れた数のエメラルドを色でぬろう!

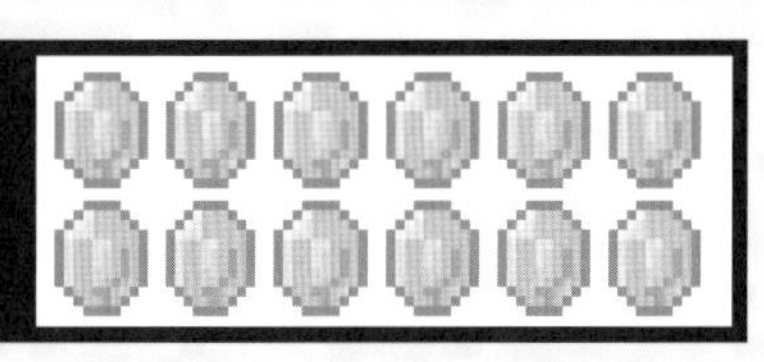

図形の周の長さ

周の長さとは、図形の周りを一周する長さです。

オスカーはネザーゲートに入ります。すると紫の光に包まれ、
数秒後には庭を囲んでいる柵の前に立っていました。

1

次の長方形の周の長さを定規を使ってはかりましょう。

a)

☐ cm

b)

☐ cm

2

次の図形は正多角形で、辺の長さは同じです。
一つの辺の長さをはかり、図形の周の長さを計算しましょう。

a)

☐ cm

b)

☐ cm

c)

☐ cm

d)

☐ cm

手に入れた数の
エメラルドを色でぬろう!

冒険を終えて…

持ち物は面白い物だらけ

ネザーへの旅を終えたオスカーの持ち物は、面白いものでいっぱいです。見つけた材料でポーションも作れそうです。

マヤはどこ?

夕食の前に、オスカーはグロウストーンの粉からブロックを作り、家の周りに置きます。オスカーは、たいまつよりも素敵だと思いました。夜の予定をこなしながら、オスカーはマヤがまだ帰ってこないので、心配になってきました。

ネザー要塞を発見!

マヤは、ネザーでオスカーとは違う場所を探検していました。マヤは遠くにある大きな建物のようなものを見つけました。ネザー要塞です。中に入ってみると、ぐちょぐちょした音やうめき声、カチカチという音が聞こえてきます。

要塞はナゾだらけ

ネザー要塞が何のために作られたのかは誰も知りません。マヤは、ウィザー(頭が3つあるボスモンスター)が暮らしていた場所なのかもしれない、と思いました。要塞の廊下がウィザースケルトンだらけだからです。要塞の中は、まるで迷路です。階段や誰もいない部屋を調べると、宝物が残っているチェストをたまに見つけることができます。

ここは危険だらけ

要塞の中には明かりが入ってきませんので、モンスターが集まっています。どんなに強い冒険者も苦戦するほどの数です。ウィザースケルトンは矢を打ってきますし、ブレイズは火の玉を吐き出します。マグマキューブはぴょんぴょんと跳ね、バラバラになってもそれぞれの、破片がおそってきます。たとえ冒険者が勝てると思っても、後ろからウィザースケルトンに攻撃されて、呪われることだってあります。

角度と回転

マヤは暗い通路に入ります。たいまつを持っているので取り出し、コンパスで今いる場所を調べます。しかしコンパスの針は、ぐるぐる回っています。ネザーではコンパスは使えないようです。

1

マヤは北を向いています。次の回転をした後、マヤはどの方角を向いているでしょうか?

a) 時計回りに $\frac{1}{4}$ 回転 ……………

b) 時計回りに $\frac{1}{2}$ 回転 ……………

c) 時計回りに $\frac{3}{4}$ 回転 ……………

d) 反時計回りに $\frac{1}{4}$ 回転 ……………

2

マヤは直角の回転を何回すれば、次の問題に書かれている動きができますか?

a) 東向きで始まり、南を向いて終わる。
時計回りに ………… 回、直角に回転する。
または、反時計回りに ………… 回、直角に回転する。

b) 西向きで始まり、南を向いて終わる。
時計回りに ………… 回、直角に回転する。
または、反時計回りに ………… 回、直角に回転する。

3

マヤの代わりに、廊下の様子を見てくれるロボットのプログラミングをしましょう。
図は廊下を表しています。ロボットは、図の「スタート」の位置にいます。

以下の「lt90、rt90、fd1、fd2、fd3」の記号を使って「fd1→rt90→…」のようにロボットをスタートからゴールまで動くように指示を考えましょう。

lt90 = 左に直角に回る
rt90 = 右に直角に回る
fd1 = 1マス前に進む
fd2 = 2マス前に進む
fd3 = 3マス前に進む

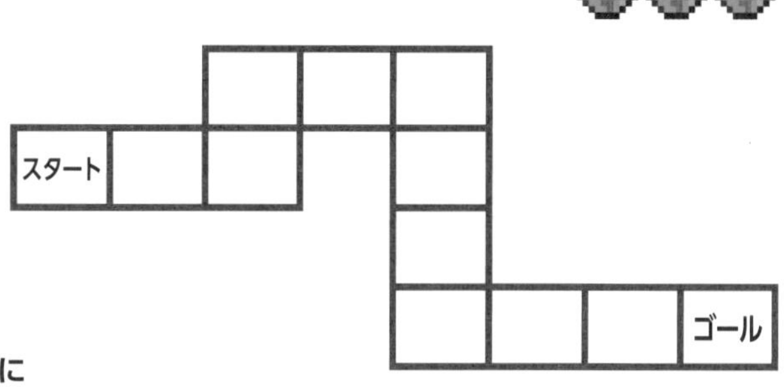

……………………………………………………

……………………………………………………

手に入れた数のエメラルドを色でぬろう!

鋭角・直角・鈍角

ネザー要塞の中はとても、
迷いやすいです。
マヤはどこで曲がったか忘れないよう、
たいまつを残していきます。

1

A〜Fの角度を鋭角、直角、鈍角に分けましょう。

A
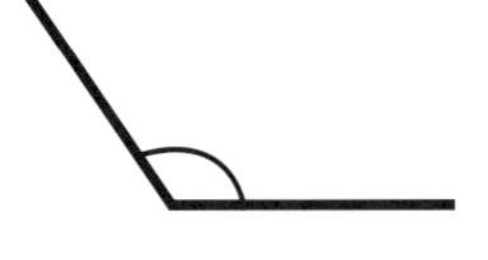

B

C

D
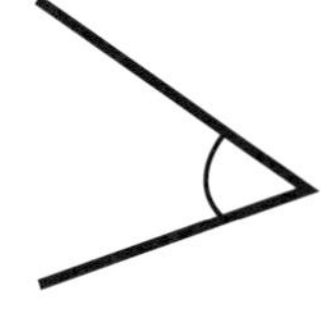

E
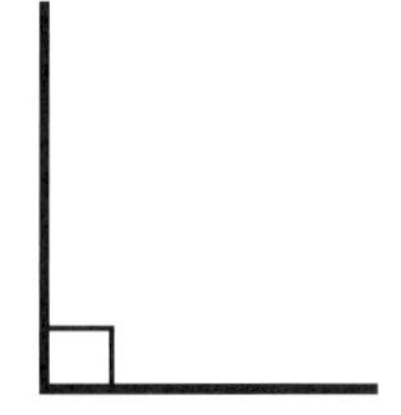

F
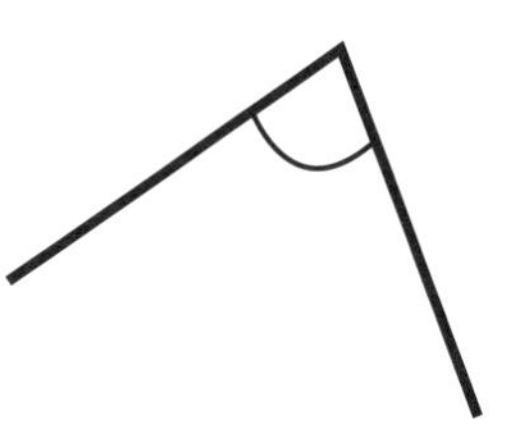

鋭角（直角より小さい角）	直角	鈍角（直角より大きい角）

2

1問目のA〜Fを、角度の小さい順から大きい順に並べましょう。

 <  <  <  <  < □

マヤはチェストを見つけました。中には便利なものがいくつか入っていました。
ダイヤモンド2つに金の馬鎧1こ、鞍1こ、火打ち石と打ち金です。
マヤは、要塞の奥に進めばもっと貴重なものが見つかるはずだと思いました。

3

下の図を見てみましょう。例のように、図のなかに
鋭角には「A」、鈍角には「O」、直角には「R」
と書きましょう。

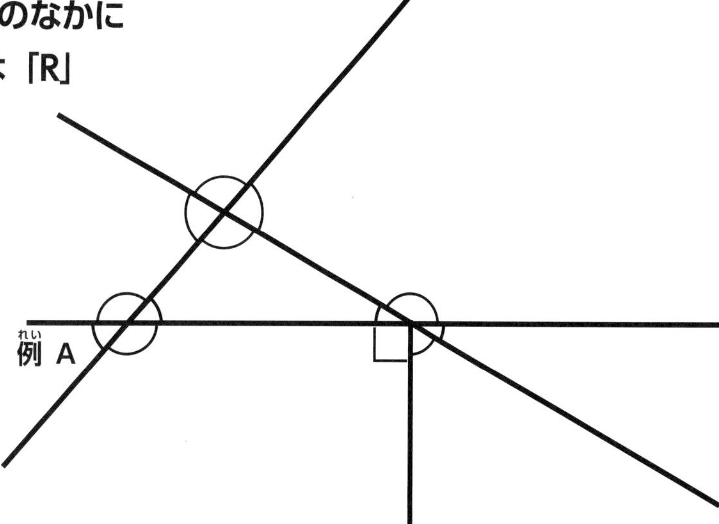

4

図形と、その図形の説明として合っているものを線でつなぎましょう。

直角が4つあります。

鋭角が2つ、鈍角が2つあります。

すべての角は鈍角です。

すべての角は鋭角です。

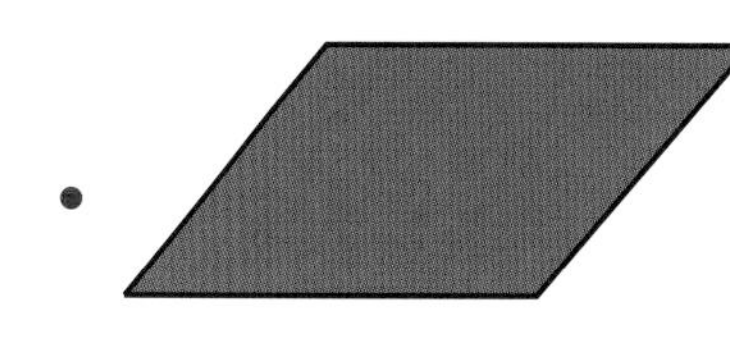

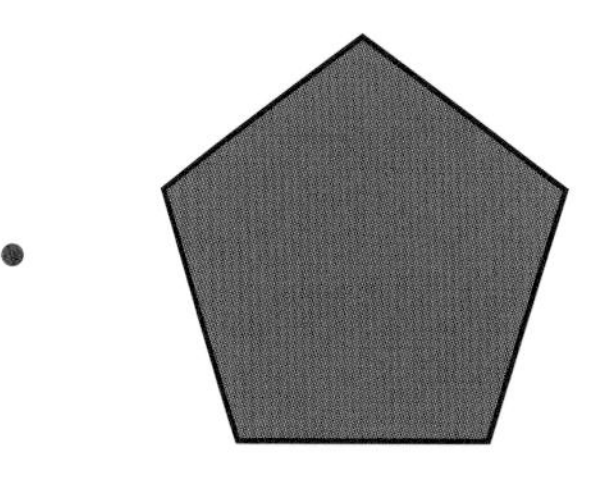

手に入れた数のエメラルドを色でぬろう!

直線

※「対称の軸」は、日本のカリキュラムでは小6で習います。
※ 1本の直線を折り目にして2つに折ったときに、折り目の両側の形がぴったりと重なり合う図形のことを線対称な図形といいます。その折り目になる直線のことを「対称の軸」といいます。

マヤは階段で変わった植物を見つけました。ネザーウォートです。
ポーション作りに必要な材料です！　ソウルサンドにしか生えない植物なので、
家でネザーウォートを栽培するならソウルサンドも必要です。

定規を使って、
ネザーウォートの列に沿って
横線と縦線を引きましょう。

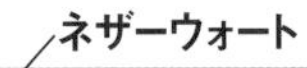

下の図形に対称の軸を見つけて線を引きましょう。横の対称の軸か、縦の対称の軸、またはその両方があれば2本の線を書きましょう。

a)
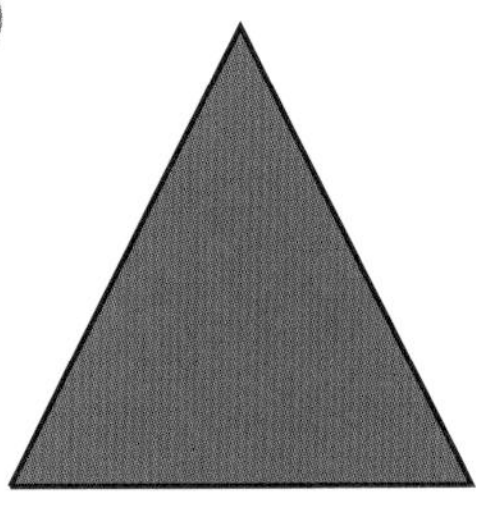

b)

c)

d)

e)
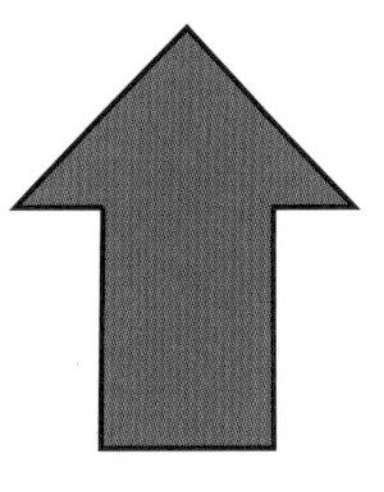

f)

マヤはさらに進みます。すると、通路の奥から妙な音が聞こえてきます。
音の出どころが光っているように見えます。
マヤは勇気を出して探検を続けることにしました。

3

右の旗の絵を見ましょう。
平行な線はどれとどれですか。
2組見つけましょう。
また、垂直な線はどれとどれですか。
2組みつけましょう。

4

右の八角形について文を完成させましょう。
………… に入る正しい辺（AB、BC、CDなど）を書きましょう。
※答えが複数ある場合は、どれか一つでOKです。

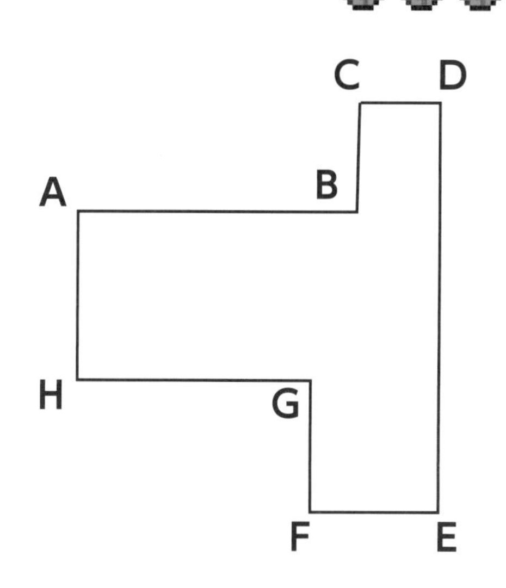

a) 辺 ……………… はABと平行な直線の1つです。

b) 辺 ……………… はABと垂直な直線の1つです。

c) 辺 ……………… はCDと平行な直線の1つです。

d) 辺 ……………… はCDと垂直な直線の1つです。

手に入れた数のエメラルドを色でぬろう!

平面の形

マヤは廊下を進んだことを後悔しています。敵のモブ、ブレイズと出くわして、火の玉を吐かれてしまいました。敵を出現させるスポナーが近くにあります。それを壊さなければ、いつまでも敵が出現してきてしまいます。

1

マヤの剣の絵にある多角形を、それぞれ違う色で塗ってみましょう。下の4つの図形の□に、何色で塗るか書いてから右の図形に色を塗ると分かりやすいです。

長方形 □

四角形（長方形をのぞく） □

六角形 □

五角形 □

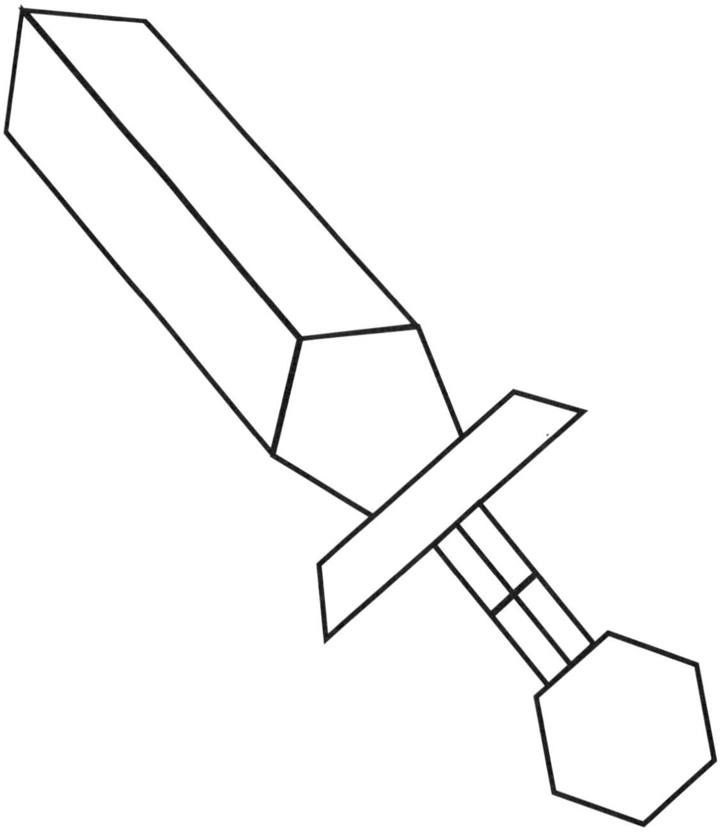

2

下の図形の辺の数は全部でいくつでしょうか。

a) 八角形4つ □

b) 六角形5つ □

c) 正方形12こ □

d) 五角形9こ □

マヤは敵のブレイズから攻撃を受け、何度も下がっては回復に努めます。
しばらく戦った後、なんとかスポナーを壊せました。
ブレイズと何度も戦ったマヤは、ブレイズロッドをたくさん手に入れました。
これもまた、ポーションの大事な材料です。

3

右の図形についての説明を完成させましょう。

a) この図形には辺が □ 本ある。

平行な辺は □ 組ある。

b) この図形には鋭角が □ こある。

鈍角は □ こある。

直角は □ こある。

c) この図形には縦の対称の軸が □ 本ある。

4

下の四角形と、その説明について合っているものを線でつなぎましょう。

平行な辺が2組あって、直角が4つあります。	
長さの等しい辺が4つと平行な辺が2組あります。	
平行な辺が2組あって、直角はありません。	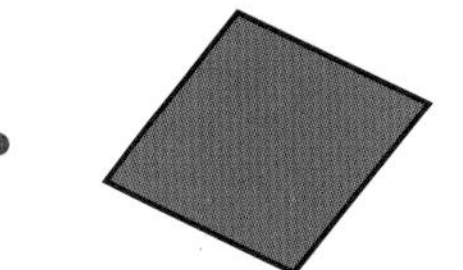
平行な辺が1組あります。	

手に入れた数のエメラルドを色でぬろう!

立体の形

※ 立体の形のなかには、小学5年以上で習うものも含まれています。

マヤはこれ以上モンスターと出会いたくないので、残してきたたいまつをたよりに、ネザー要塞から出ようとしています。要塞ではたくさんのアイテムを手に入れたので、早く帰って使いたいと思いました。

1

a) 右の立方体の①～③に、「面」「辺」「頂点」から当てはまる名前を書きましょう。

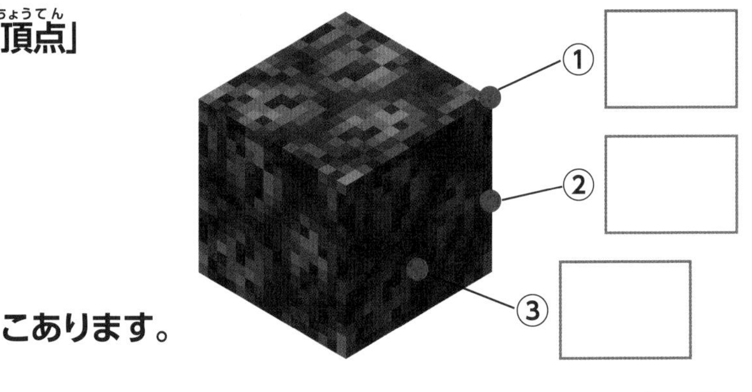

b) 立方体には、面が [　　] こ、辺が [　　] 本、頂点が [　　] こあります。

2

下の表の正しいマスに、図形A～Fのアルファベットを書きこみましょう。
※空欄のマスや、複数の図形が当てはまる場合があります。

A
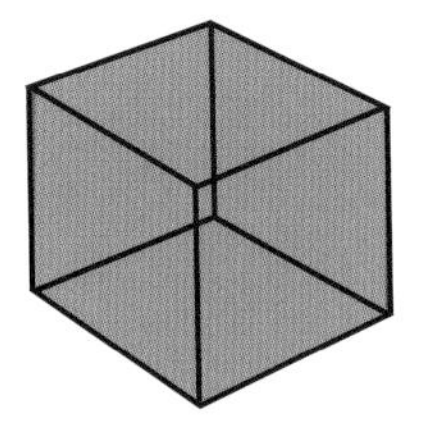

B
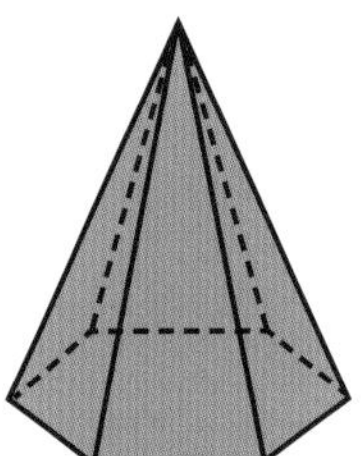

C
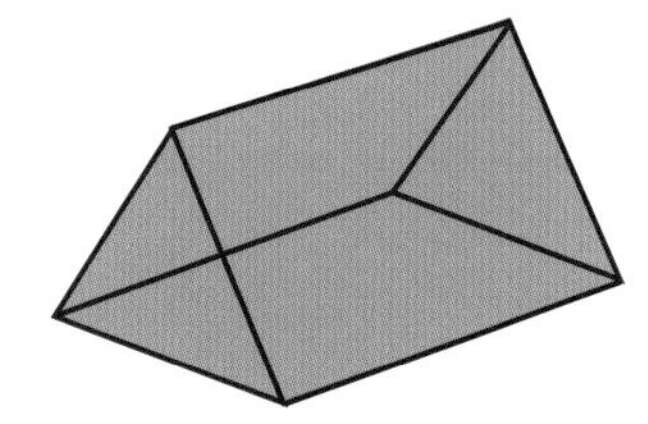

D
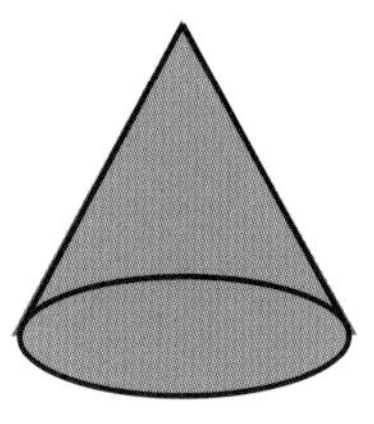

E
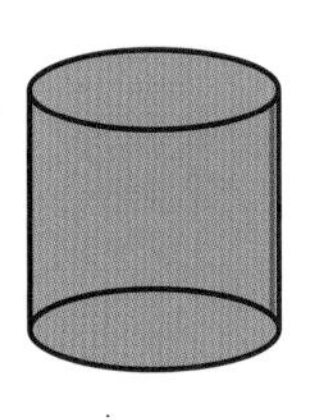

F
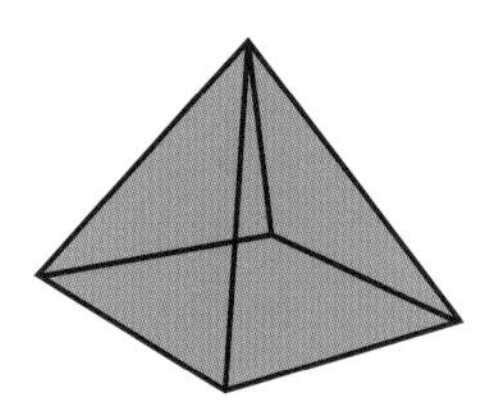

	頂点の数が偶数	頂点の数が奇数	頂点がない
角柱			
角柱ではない			

出口をふさいでいるものがあります。どうやらスケルトンのようです。
こうなったら仕方がありません。マヤは戦う覚悟を決めます。
しかし、目の前のスケルトンは弓ではなく、剣を持っています。ウィザースケルトンです！
マヤは剣を振り回しながら突撃します！

下の図形A～Dをよく見て、表に数字や文字を書いて完成させましょう。

A
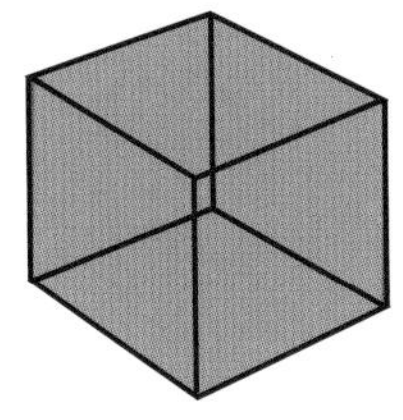
B
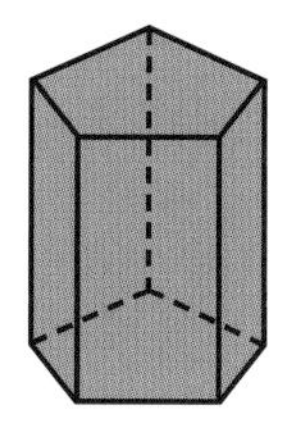
C
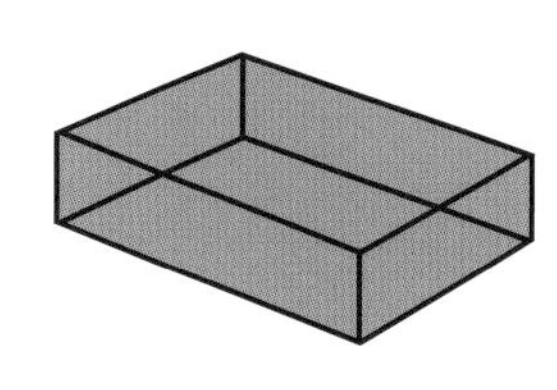
D

	図形A	図形B	図形C	図形D
立体の名前				
底面の形				
頂点の数				
面の数				
辺の数				

4

下のa)b)は、どんな図形のことを説明しているでしょうか。図形の名前を答えましょう。

a)　面が5こ、頂点が6こ、辺が9こあります。三角形と長方形でできています。

……………………………………

b)　面が2こ、頂点が1こあります。面の1つは円です。

……………………………………

手に入れた数のエメラルドを色でぬろう！

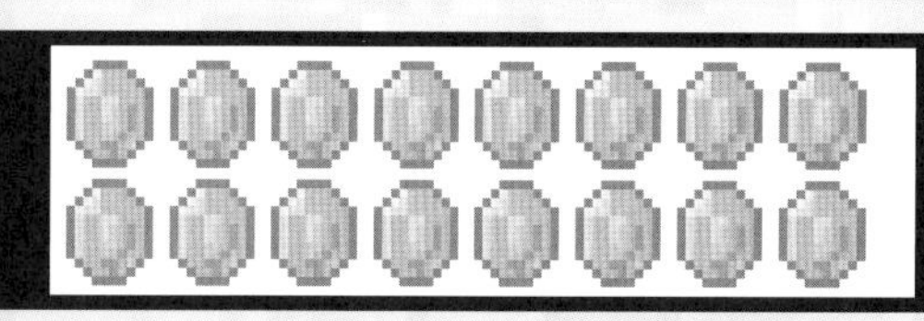

グラフと表①

マヤはウィザースケルトンを倒しましたが、スケルトンの攻撃も受けてしまいました。
体力ゲージのハートが、赤から黒に変わり、体力がどんどんなくなっていきます。
早く安全な場所で食事をして体力を回復しなくてはなりません。

1

下の絵グラフは、マヤが毎日見たモンスターの数を表します。

1日目	○ ○ ○
2日目	○ ○ ○ ○ ◖
3日目	○ ○ ◖
4日目	○ ○ ○ ◖
5日目	○ ○ ○ ○
6日目	
7日目	

○ ＝ モブ2匹

a) モンスターが一番多かったのは何日目ですか？ □ 日目

b) その日は、3日目と比べて何匹多くモンスターを見ましたか？ □ 匹

c) 6日目に見たモンスターの数は、1日目の半分です。
6日目の図表のマスに○と半円で数を表しましょう。

d) 7日目に見たモンスターは、5日目より1匹少ないです。
7日目の図表のマスに○と半円で数を表しましょう。

e) 3日目と4日目に見たモンスターは合わせて何匹ですか？ □ 匹

2

上の1のデータを使い、表を完成させましょう。

日にち	1	2	3	4	5	6	7
見たモブの数							

マヤの体力はかなり減りましたが、しばらく休んでご飯を食べると少し回復しました。
マヤは全力でネザーゲートへ走っていきます。
明日は、ネザーウォートの栽培に挑戦するつもりです。

3

下の表は、5つの畑A〜Eに植えたネザーウォートの数を表しています。

畑	A	B	C	D	E
ネザーウォートの数	12	15	18	6	9

上の表のデータを参考にして、下の図表にネザーウォートの数を○や半円を描いて完成させましょう。

畑A	
畑B	
畑C	
畑D	
畑E	

○ ＝ ネザーウォート2こ

4

上の3のデータを参考に、次の文を完成させましょう。

a) ネザーウォートの数が一番少ない畑は □ です。

b) 畑Bのネザーウォートは、畑Eよりも □ こ多いです。

c) 畑Cのネザーウォートの数は、畑Dの □ 倍です。

d) ネザーウォートの数は全部で □ こです。

手に入れた数のエメラルドを色でぬろう!

グラフと表②

オスカーは、ネザーゲートからオスカーのいるオーバーワールドに戻ってきたマヤを温かく迎えてくれました。マヤのことを心配していたのです。
2人は一緒に家に帰りました。

右の棒グラフはマヤが持っているアイテムの数を表します。
スイカの棒グラフがまだ書かれていません。

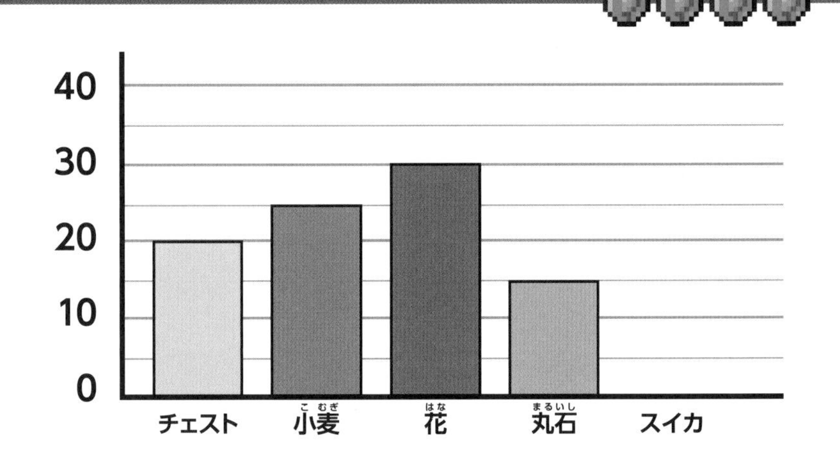

a) マヤが一番多く持っているアイテムは何でしょう? □

b) 花はチェストより何こ多いですか? □ こ

c) マヤが持っているスイカの数は花より20こ少ないです。
表にスイカの数の棒グラフを書き足しましょう。

d) マヤが持っているアイテムは全部で何こですか? □ こ

2

1のデータを使って下の表に数字を書きましょう。

アイテム	チェスト	小麦	花	丸石	スイカ
持っているアイテムの数					

3

❶のデータを参考に、○や半円を描いて右のグラフを完成させましょう。

○ = アイテム10こ

チェスト	
小麦	
花	
丸石	
スイカ	

4

下のグラフは、家にある食べ物の一部の数を表しています。パンは全部で80こあります。

パン	□ □ □ □
ニンジン	□ □ □ ▯
リンゴ	□ □ ▯
ビートルート	□ □ □ □ ▯

□ = ………… こ分

a) グラフの□はアイテム何こ分になりますか。グラフの右にある ………… に数字を書きましょう。

b) グラフのデータを使って食べ物の数を計算し、棒グラフを書きましょう。

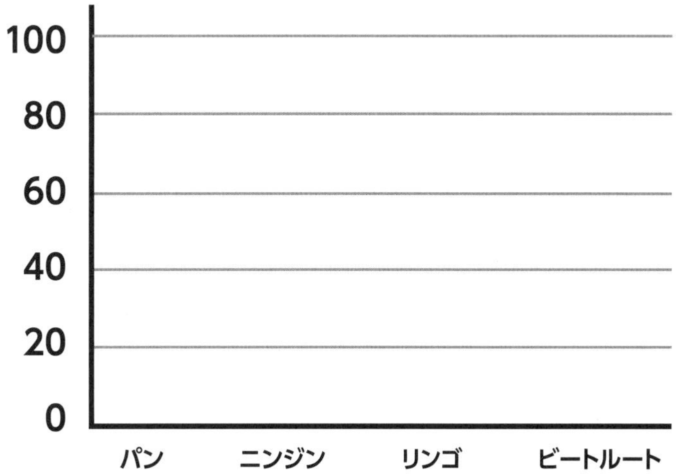

100
80
60
40
20
0
パン　ニンジン　リンゴ　ビートルート

手に入れた数のエメラルドを色でぬろう!

表

マヤとオスカーは集めたアイテムをながめています。2人は今後ネザーに行く時には、もっと防具や武器をエンチャントして、調合台でポーションを作っていこうと決意しました。

1

この表には、2人が作った4つのポーションについて書かれています。

ポーション	色	作った本数	値段
跳躍のポーション	緑	6	エメラルド　60こ
回復のポーション	赤	2	エメラルド　40こ
暗視のポーション	青	2	エメラルド　75こ
耐火のポーション	黄	8	エメラルド　50こ

a) 暗視のポーションと回復のポーションの値段の差はエメラルド何こでしょう?　　エメラルド ☐ こ

b) 耐火のポーションは跳躍のポーションより何本多く作られましたか?　　☐ 本

c) オスカーとマヤは、何種類の色のポーションを作りましたか?　　☐ 種類の色

d) 一番値段が高いポーションは何色ですか?　　..........

2

この表は、5日間でオスカーとマヤが使ったエメラルドの数を表しています。

日数	1日目	2日目	3日目	4日目	5日目
オスカー	12	15		21	17
マヤ	20	17	24		

次の文を読んで、空いているマスに数字を書いて表を完成させましょう：

- 3日目にオスカーが使ったエメラルドの数はマヤの半分です。
- 2人は4日目に、合計34このエメラルドを使いました。
- マヤは5日間で93このエメラルドを使いました。

手に入れた数のエメラルドを色でぬろう!

冒険を終えて…

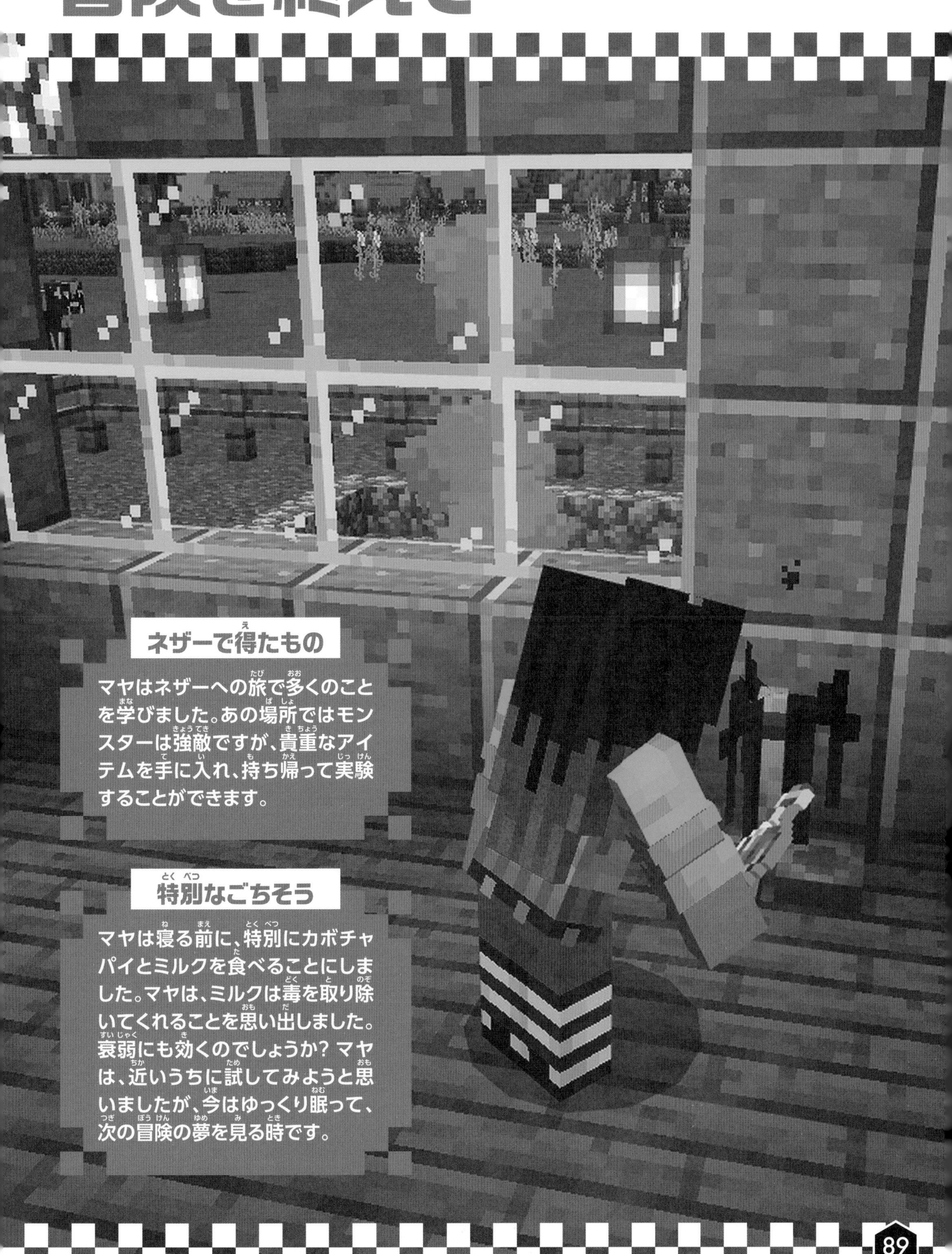

ネザーで得たもの

マヤはネザーへの旅で多くのことを学びました。あの場所ではモンスターは強敵ですが、貴重なアイテムを手に入れ、持ち帰って実験することができます。

特別なごちそう

マヤは寝る前に、特別にカボチャパイとミルクを食べることにしました。マヤは、ミルクは毒を取り除いてくれることを思い出しました。衰弱にも効くのでしょうか? マヤは、近いうちに試してみようと思いましたが、今はゆっくり眠って、次の冒険の夢を見る時です。

答(こた)え

5ページ

❶ 400、500、700　[エメラルド1こ]

❷ a) 200 + 30 + 6　[エメラルド1こ]

b) 600 + 40 + 5　[エメラルド1こ]

c) 800 + 90 + 0　[エメラルド1こ]

❸ ふさわしい答えなら何でも正解。例えば…

a) 500 + 70 + 6　570 + 6　[エメラルド1こ]

b) 800 + 70 + 3　870 + 3　[エメラルド1こ]

c) 900 + 80 + 7　980 + 7　[エメラルド1こ]

6〜7ページ

❶ a) 37　b) 125

c) 250　d) 302　[1問正解につき、エメラルド1こ]

❷ a)

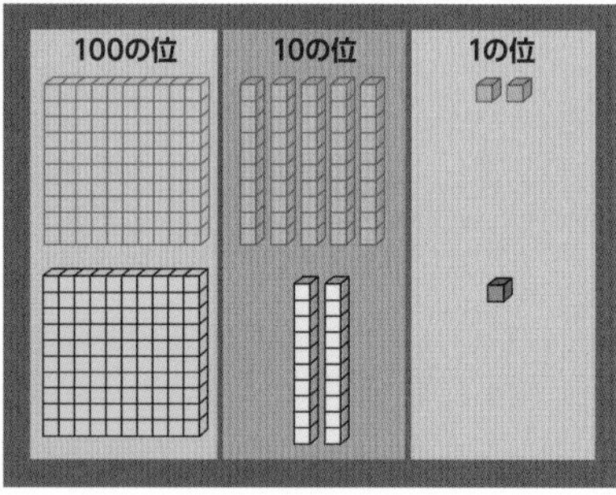

273　[エメラルド1こ]

b)

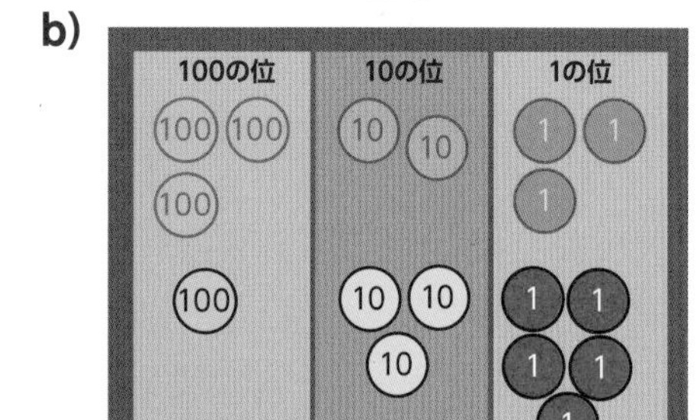

458　[エメラルド1こ]

❸ a) 127　b) 471　[1問正解につき、エメラルド1こ]

❹ a) 120　b) 150

c) 190　d) 610

e) 630　f) 680　[1問正解につき、エメラルド1こ]

❺ 次の範囲内の数であれば、どれでも正解:

a) 22〜28　[エメラルド1こ]

b) 42〜48　[エメラルド1こ]

c) 80〜86　[エメラルド1こ]

8〜9ページ

❶ a) 65　b) 316　[1問正解につき、エメラルド1こ]

❷ a) 三百七十九　[エメラルド1こ]

b) 七百八十三　[エメラルド1こ]

❸ a) 246 二百四十六　[エメラルド1こ]

b) 394 三百九十四　[エメラルド1こ]

❹ a) 962 九百六十二　[エメラルド1こ]

b) 321 三百二十一　[エメラルド1こ]

c) 976 九百七十六　[エメラルド1こ]

❺ a) 349 三百四十九　[エメラルド1こ]

b) 258 二百五十八　[エメラルド1こ]

c) 347 三百四十七　[エメラルド1こ]

10〜11ページ

❶ a) i) 28　228　ii) 587　787　[1問正解につき、エメラルド1こ]

b) i) 307　327　ii) 399　419　[1問正解につき、エメラルド1こ]

❷

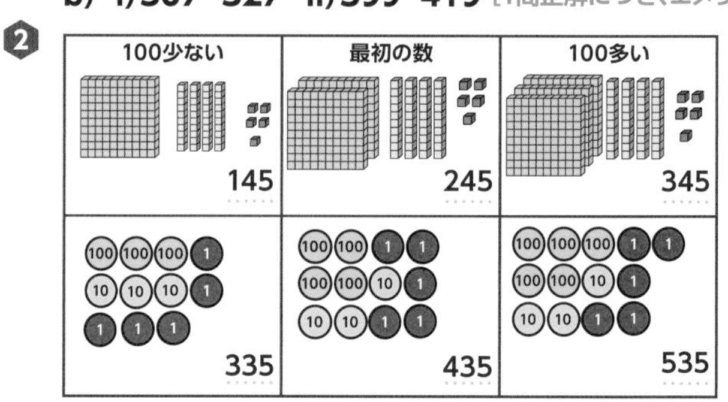

[マス1つ正解につき、エメラルド1こ]

❸

10少ない	最初の数	10多い
224	234	244
184	194	204

[マス1つ正解につき、エメラルド1こ]

❹ a) 正しい　b) 時々正しい　c) 正しくない

d) 時々正しい　[1問正解につき、エメラルド1こ]

12〜13ページ

❶ a) 12、16　[エメラルド1こ]

b) 16、24、40　[エメラルド1こ]

c) 100、150、300　[エメラルド1こ]

d) 200、300、400、600　[エメラルド1こ]

❷ a) 8　b) 50　c) 4　[1問正解につき、エメラルド1こ]

❸

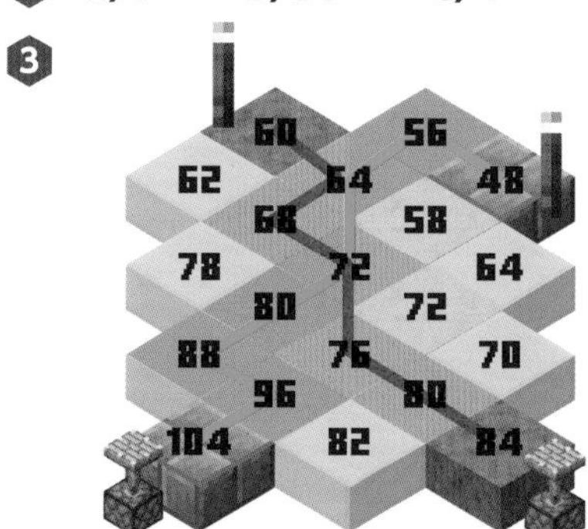

※答えは複数ありますのでふさわしい答えであれば正解。

[それぞれエメラルド1こ]

❹ a) 24、32　b) 48、64　c) 850、950

d) 24、16　e) 64、48　[1問正解につき、エメラルド1こ]

❺ ふさわしい答えなら何でも正解。例えば…

a) 100　b) 200

c) 200　d) 100　[1問正解につき、エメラルド1こ]

14～15ページ

❶ a) 101、115、122、130、146 [エメラルド1こ]
b) 226、252、263、275、277 [エメラルド1こ]
c) 36、46、48、57、69 [エメラルド1こ]
d) 366、368、370、374、379 [エメラルド1こ]

❷ a)57以上63以下なら正解。 [エメラルド1こ]
b)129以上133以下なら正解。 [エメラルド1こ]
c)376以上381以下なら正解。 [エメラルド1こ]
d)413以上432以下なら正解。 [エメラルド1こ]

❸ a) < b) >
c) = d) < [1問正解につき、エメラルド1こ]

❹ 368、386、638、683、836、863
[数が正解でエメラルド1こ、順番が正解でエメラルド1に]

❺ a)70までの10の倍数なら正解 [エメラルド1こ]
b)8か9 [エメラルド1こ]
c)80、100 [エメラルド1こ]
d)< [エメラルド1こ]

16ページ

❶ a)トロッコA:422 トロッコB:394 トロッコC:189
トロッコD:447 [1問正解につき、エメラルド1こ]
b)189、394、422、447 [エメラルド1こ]

❷ 286 [エメラルド1こ]

❸ マス目の左上から右下に向かって: 16、24、40、100、
200、400 [3つ正解するごとにエメラルド1こ]

19ページ

❶ a) (10 + 80)+(4 + 5)= 90 + 9 = 99 [エメラルド1こ]
b) (400 + 500)+(80 + 0)+(4 + 2)
= 900 + 80 + 6 = 986 [エメラルド1こ]

❷ a)39 b)46 [1問正解につき、エメラルド1こ]

20～21ページ

❶ a)89 b)95
c)108 d)58 [1問正解につき、エメラルド1こ]

❷ a)928 b)897
c)899 d)719 [1問正解につき、エメラルド1こ]

❸ a)84 b)95
c)145 d)117
e)114 f)141 [1問正解につき、エメラルド1こ]

❹ a)792 b)876
c)860 d)608
e)611 f)981 [1問正解につき、エメラルド1こ]

❺ a)4[4]8 + [2]11 = 659 [エメラルド1こ]
b)[5]32 + 25[9] = 791 [エメラルド1こ]
c)[3]27 + 43[7] = 764 [エメラルド1こ]
d)6[0]7 + 29[8] = 905 [エメラルド1こ]

22～23ページ

❶ a)84 b)42
c)56 d)41 [1問正解につき、エメラルド1こ]

❷ a)434 b)113
c)151 d)141 [1問正解につき、エメラルド1こ]

❸ a)35 b)77
c)18 d)35
e)15 f)38 [1問正解につき、エメラルド1こ]

❹ a)634 b)206
c)181 d)338
e)12 f)92 [1問正解につき、エメラルド1こ]

❺ a)5[5] − [4]4 = 11 [エメラルド1こ]
b)[8]4 − 4[2] = 42 [エメラルド1こ]
c)6[3]4 − 23[0] = 404 [エメラルド1こ]
d)5[7]9 − 24[2] = 337 [エメラルド1こ]

24～25ページ

❶ a)100 b)4
c)780 d)50 [1問正解につき、エメラルド1こ]

❷ a)300 + 200 = 500 [エメラルド1こ]
b)660 − 560 = 100 [エメラルド1こ]
c)60 ÷ 5 = 12 [エメラルド1こ]
d)12 × 10 = 120 [エメラルド1こ]

❸ a)20 b)50 c)75 [1問正解につき、エメラルド1こ]

❹ a)121 − 63 = 58 か 121 − 58 = 63 [エメラルド1こ]
b)128 + 129 = 257 [エメラルド1こ]
c)15 × 10 = 150 [エメラルド1こ]
d)28 ÷ 2 = 14 [エメラルド1こ]

❺ a)ふさわしい見積もりであれば正解 計算の答えは998
逆の計算ができていれば正解 [エメラルド3こ]
b)ふさわしい見積もりであれば正解 計算の答えは442
逆の計算ができれいれば正解 [エメラルド3こ]

26ページ

❶ オスカーは間違っています。オスカーは90ポイント多く
持っています。 [エメラルド1こ]

❷ a)ふさわしい見積もりであれば正解 計算の答えは932
逆の計算がしてあれば正解 [エメラルド3こ]
b)ふさわしい見積もりであれば正解、計算の答えは73、
逆の計算がしてあれば正解 [エメラルド3こ]

29ページ

❶ a)8 × 4 = 32、4 × 8 = 32、32 ÷ 4 = 8、32 ÷ 8 = 4
[1問正解につき、エメラルド1こ]
b)7 × 3 = 21、3 × 7 = 21、21 ÷ 3 = 7、21 ÷ 7 = 3
[1問正解につき、エメラルド1こ]

❷ a)80 b)8
c)210 d)7 [1問正解につき、エメラルド1こ]

30～31ページ

❶ 数が以下の通りにつないである:8 と 16、12 と 24、
20 と 40、25 と 50、35 と 70、60 と 120
[1問正解につき、エメラルド1こ]

❷ a)48 b)7
c)90 d)70 [1問正解につき、エメラルド1こ]

❸ a)15 b)9
c)88 d)40 [1問正解につき、エメラルド1こ]

❹ a)8、4、2 b)12、6、3
c)16、8、4 d)20、10、5 [1問正解につき、エメラルド1こ]

❺ a)100、200 b)40、80 [1問正解につき、エメラルド1こ]

32〜33ページ

❶

	×1	×2	×3	×4	×5	×6	×7	×8	×9	×10	×11	×12
3	3	6	9	12	15	18	21	24	27	30	33	36
4	4	8	12	16	20	24	28	32	36	40	44	48

[正しく書かれている行ごとにエメラルド1こ]

❷ a)9 × 4 = 36、12 × 3 = 36 ※逆でも正解 [エメラルド1こ]
b)9 × 3 = 27、3 × 9 = 27 [エメラルド1こ]
c)6 × 3 = 18、3 × 6 = 18 [エメラルド1こ]
d)3 × 5 = 15、5 × 3 = 15 [エメラルド1こ]

❸ a)32 ÷ 4 = 8　b)12 ÷ 3 = 4
c)36 ÷ 12 = 3 [1問正解につき、エメラルド1こ]

❹ a)28　b)8　c)9 [1問正解につき、エメラルド1こ]

❺ 6 × 3 = 18、18 ÷ 3 = 6
※ふさわしい答えなら正解。 [1問正解につき、エメラルド1こ]

34〜35ページ

❶

	×1	×2	×3	×4	×5	×6	×7	×8	×9	×10	×11	×12
8	8	16	24	32	40	48	56	64	72	80	88	96

[エメラルド1こ]

❷ a)

40				
8	8	8	8	8

[エメラルド1こ]

b)

80									
8	8	8	8	8	8	8	8	8	8

[エメラルド1こ]

c)

64							
8	8	8	8	8	8	8	8

[エメラルド1こ]

❸ a)8 8 8 8 8　40 ÷ 5 = 8　b)32　32 ÷ 4 = 8
c)4 4 4 4 4 4 4 4　32 ÷ 8 = 4
[1問正解につき、エメラルド1こ]

❹ a)8 × 3 = 24 [エメラルド1こ]
b)8 × 7 = 56 [エメラルド1こ]
c)8 × 6 = 48 [エメラルド1こ]

❺ a)48 ÷ 8 = 6　b)56 ÷ 7 = 8
c)72 ÷ 8 = 9　d)32 ÷ 4 = 8 [1問正解につき、エメラルド1こ]

36〜37ページ

❶ A、B、Cの式が以下のとおりにつないである:
16 × 5　8 × 2 × 5　8 × 10 = 80 [エメラルド1こ]
3 × 40　3 × 4 × 10　12 × 10 = 120 [エメラルド1こ]
14 × 4　7 × 2 × 4　7 × 8 = 56 [エメラルド1こ]
16 × 4　16 × 2 × 2　32 × 2 = 64 [エメラルド1こ]

❷ a)11 × 3 × 2 = 33 × 2 = 66 [エメラルド1こ]
b)20 × 4 × 2 = 80 × 2 = 160 [エメラルド1こ]
c)12 × 3 × 2 = 36 × 2 = 72 [エメラルド1こ]
d)7 × 3 × 10 = 21 × 10 = 210 [エメラルド1こ]

❸ ふさわしい答えなら何でも正解。例えば…
a)5 × 12 × 3 = 60 × 3 = 180 [エメラルド1こ]
b)9 × 3 × 2 = 27 × 2 = 54 [エメラルド1こ]
c)32 × 5 × 2 = 32 × 10 = 320 [エメラルド1こ]

❹ a)240、240 [エメラルド1こ]
b)80、8 [エメラルド1こ]
c)600、600 [エメラルド1こ]

❺ 540 [エメラルド1こ]
30 × 18 = 540、18 × 30 = 540
540 ÷ 18 = 30、540 ÷ 30 = 18 [エメラルド1こ]

38〜39ページ

❶ a)20 × 4 + 9 × 4 = 80 + 36 = 116 [エメラルド1こ]
b)30 × 8 + 6 × 8 = 240 + 48 = 288 [エメラルド1こ]
c)40 × 3 + 6 × 3 = 120 + 18 = 138 [エメラルド1こ]
d)30 × 5 + 1 × 5 = 150 + 5 = 155 [エメラルド1こ]

❷ a) 28 × 3 = 84

×	20	8
3	60	24

[エメラルド1こ]

b) 24 × 8 = 192

×	20	4
8	160	32

[エメラルド1こ]

c) 26 × 4 = 104

×	20	6
4	80	24

[エメラルド1こ]

❸ a)192　b)69
c)296　d)124 [1問正解につき、エメラルド1こ]

❹ a)152　b)174　c)108 [1問正解につき、エメラルド1こ]

40〜41ページ

❶ a)

十の位	一の位
10 10	1
10 10	1
10 10	1

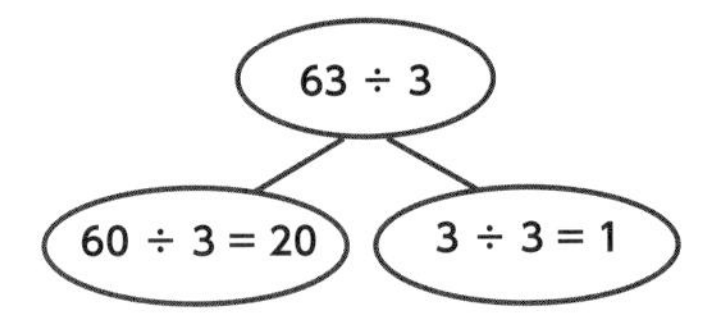

[エメラルド1こ]

63 ÷ 3 = 21 [エメラルド1こ]

b)

十の位	一の位
10 10	1
10 10	1
10 10	1
10 10	1

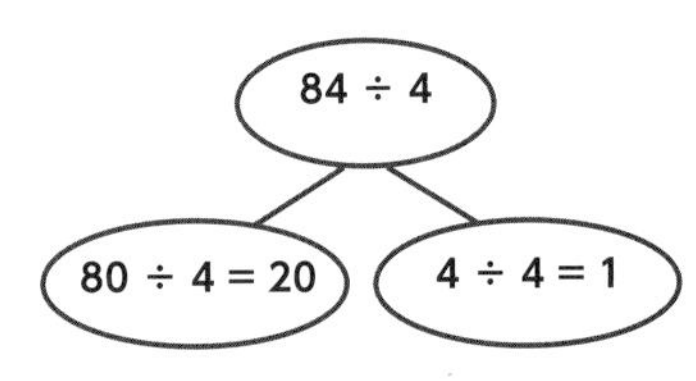

[エメラルド1こ]

84 ÷ 4 = 21 [エメラルド1こ]

❷ a)

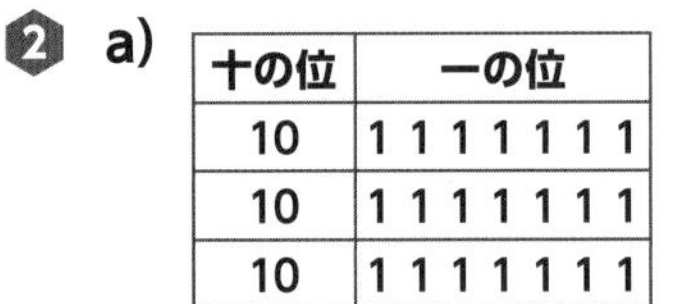

十の位	一の位
10	1 1 1 1 1 1 1
10	1 1 1 1 1 1 1
10	1 1 1 1 1 1 1

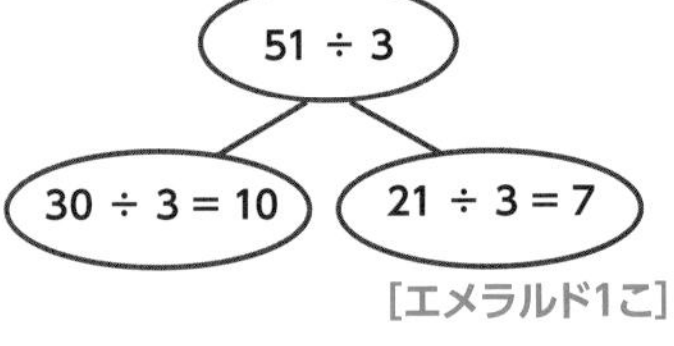

[エメラルド1こ]

51 ÷ 3 = 17 [エメラルド1こ]

b)

十の位	一の位
10	1 1 1 1 1 1 1
10	1 1 1 1 1 1 1
10	1 1 1 1 1 1 1
10	1 1 1 1 1 1 1

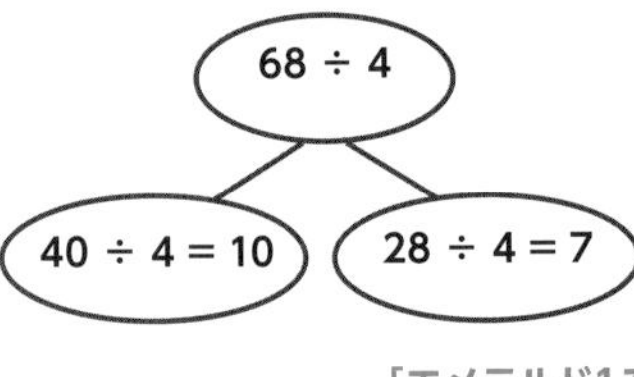

[エメラルド1こ]

68 ÷ 4 = 17 [エメラルド1こ]

❸ a)17　b)19　c)15　d)19 [1問正解につき、エメラルド1こ]

42ページ

❶ a)オスカー:4 マヤ:9 マックス:5 エリー:6 [エメラルド1こ]
b)24　c)3　d)6 [1問正解につき、エメラルド1こ]

❷ 68 [エメラルド1こ]

3 a)14　b)23　c)12　[1問正解につき、エメラルド1こ]

45ページ

1 a)3ブロックが赤、2ブロックが黄色、1ブロックが青、4ブロックが灰色にぬってあれば正解。　[エメラルド1こ]
b) $\frac{4}{10}$　[エメラルド1こ]

2 $\frac{2}{10}$　$\frac{4}{10}$　$\frac{7}{10}$　$\frac{8}{10}$　[エメラルド1こ]

3 a)3人　b)10本
c) $\frac{3}{10}$ こ　d) $\frac{7}{10}$ こ　[1問正解につき、エメラルド1こ]

46～47ページ

1 a) $\frac{1}{5}$　b) $\frac{1}{3}$　[1問正解につき、エメラルド1こ]

2 a) $\frac{5}{8}$　b) $\frac{3}{8}$　[1問正解につき、エメラルド1こ]

3 a) $\frac{3}{7}$　b) $\frac{4}{9}$　[1問正解につき、エメラルド1こ]

4 $\frac{3}{4}$　$\frac{6}{4}$　$\frac{7}{4}$　[1問正解につき、エメラルド1こ]

5 トウヒの木:6　カシの木:3　カバの木:3
[1問正解につき、エメラルド1こ]

48～49ページ

1 a)

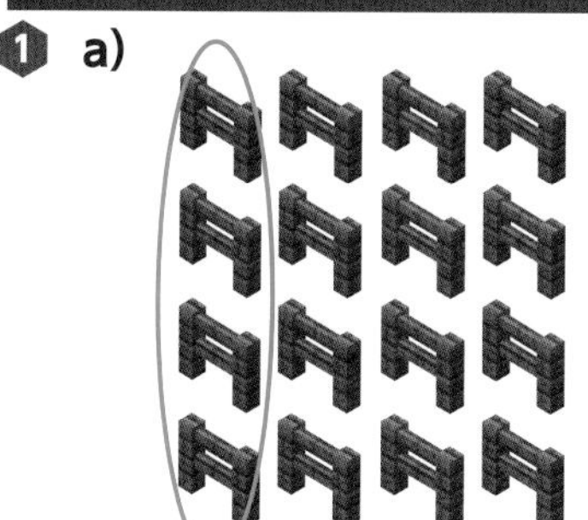

b)

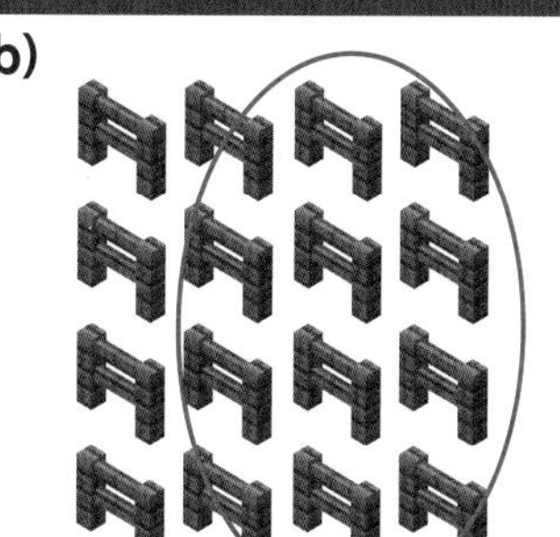

[1問正解につき、エメラルド1こ]

c)4、12　[エメラルド1こ]

2 a)3本　b)2本　c)4本　[1問正解につき、エメラルド1こ]

3 2本　[エメラルド1こ]

4 a)18匹　b)8頭
c)27羽　d)8匹　[1問正解につき、エメラルド1こ]

5 a) >　b) <
c) <　d) =　[1問正解につき、エメラルド1こ]

50～51ページ

1 a) $\frac{4}{6}$ になるようにぬってあれば正解　[エメラルド1こ]
b) $\frac{3}{4}$ になるようにぬってあれば正解　[エメラルド1こ]

2 a) $\frac{5}{6}$　b) $\frac{4}{8}$（または $\frac{1}{2}$）
c) $\frac{1}{9}$　[1問正解につき、エメラルド1こ]

3 a) $\frac{5}{7}$　b) $\frac{3}{14}$　[1問正解につき、エメラルド1こ]

4 a) $\frac{4}{6}$（または $\frac{2}{3}$）　b) $\frac{1}{6}$
c) $\frac{2}{6}$（または $\frac{1}{3}$）　[1問正解につき、エメラルド1こ]

5 a) $\frac{4}{8}$（または $\frac{1}{2}$）　b) $\frac{7}{8}$　[1問正解につき、エメラルド1こ]

52～53ページ

1 a) $\frac{1}{2}=\frac{2}{4}=\frac{3}{6}=\frac{4}{8}$　b) $\frac{1}{3}=\frac{2}{6}=\frac{3}{9}$
[1問正解につき、エメラルド1こ]

2 a) 2つの部分がぬってある: $\frac{2}{4}$　[エメラルド1こ]
b) 4つの部分がぬってある: $\frac{4}{8}$　[エメラルド1こ]
c) 3つの部分がぬってある: $\frac{3}{6}$　[エメラルド1こ]
d) 5つの部分がぬってある: $\frac{5}{10}$　[エメラルド1こ]

3 a) $\frac{1}{2}=\frac{2}{4}=\frac{4}{8}$　[エメラルド1こ]
$\frac{1}{3}=\frac{2}{6}=\frac{4}{12}$　[エメラルド1こ]
$\frac{2}{5}=\frac{4}{10}=\frac{8}{20}$　[エメラルド1こ]
b) $\frac{16}{20}=\frac{8}{10}=\frac{4}{5}$　[エメラルド1こ]
$\frac{8}{12}=\frac{4}{6}=\frac{2}{3}$　[エメラルド1こ]
$\frac{40}{100}=\frac{20}{50}=\frac{10}{25}$　[エメラルド1こ]

4 a) $\frac{1}{5}=\frac{3}{15}=\frac{6}{30}$　[エメラルド1こ]
b) $\frac{2}{3}=\frac{6}{9}=\frac{12}{18}$　[エメラルド1こ]
c) $\frac{2}{4}=\frac{8}{16}=\frac{16}{32}$　[エメラルド1こ]

54～55ページ

1 a)ふさわしいぬり方で、$\frac{3}{4}$ に○がついている　[エメラルド1こ]
b)ふさわしいぬり方で、$\frac{2}{3}$ に○がついている　[エメラルド1こ]

2 a)ふさわしいぬり方で、□には<　[エメラルド1こ]
b)ふさわしいぬり方で、□には<　[エメラルド1こ]
c)ふさわしいぬり方で、□には>　[エメラルド1こ]
d)ふさわしいぬり方で、□には=　[エメラルド1こ]

3 $\frac{1}{6}$　$\frac{1}{5}$　$\frac{1}{4}$　$\frac{1}{3}$　$\frac{2}{3}$　$\frac{5}{6}$　[エメラルド1こ]

4 数直線に、左から順番に次の分数が書いてある:
$\frac{1}{10}$　$\frac{1}{4}$　$\frac{1}{2}$　$\frac{3}{5}$　[エメラルド1こ]

5 a) >　b) =　c) <　d) >　[1問正解につき、エメラルド1こ]

56ページ

1 a)6　b) $\frac{7}{10}$　[1問正解につき、エメラルド1こ]

2 a)7　b)27　[1問正解につき、エメラルド1こ]

3 a)マヤは間違っています。$\frac{1}{4}$ は $\frac{1}{3}$ よりも小さいです。全体を3つではなく、4でわっているからです。[エメラルド1こ]
b) $\frac{2}{6}$（または $\frac{1}{3}$）　c)4本　[1問正解につき、エメラルド1こ]

59ページ

1 5 cm　[エメラルド1こ]

2 375 g　[エメラルド1こ]

3 a)3 L　b) 1,750 mL　[1問正解につき、エメラルド1こ]

60～61ページ

1 a)300 cm = 3 m、1 km 500 m = 1,500 m、30 mm = 3 cm　[エメラルド1こ]
b)3,000 mL = 3 L、500 mL = 0.5 L、5,000 mL = 5 L、30,000 mL = 30 L　[エメラルド1こ]
c)3 kg = 3,000 g、2 kg 500 g = 2,500 g、3 kg 500 g = 3,500 g、2 kg 50 g = 2,050 g
[エメラルド1こ]

2 a)3 km　b)2 kg　c)5 L　[1問正解につき、エメラルド1こ]

3 3 cm 7 mm < 35 cm 7 mm < 3 m 7 cm < 317 cm　[エメラルド1こ]

4 4つの重さは左から100 g、8 kg、2.5 kg、900 g
[1問正解につき、エメラルド1こ]
順番:100 g、900 g、2.5 kg、8 kg　[エメラルド1こ]

62～63ページ

1 45 m（上に動いた後、右に動く）　[エメラルド1こ]
※他の距離は、それぞれ46 mと54 m
[1問正解につき、エメラルド1こ]

❷ a)3 kg 630 g　b)7 L 705 mL
c)6 km 815 m　d)1 km 220 m
e)5 kg 550 g　f)1 cm 2 mm
[1問正解につき、エメラルド1こ]

❸ a)2 km 350 m [エメラルド1こ]
b)4 kg 750 g [エメラルド1こ]

64〜65ページ

❶ a)1660円　b)806円
c)6080円　d)11120円 [1問正解につき、エメラルド1こ]

❷ a)1820円　b)4754円
c)5835円　d)17680円 [1問正解につき、エメラルド1こ]

❸ a)1500円　b)3300円
c)2800円　d)12300円 [1問正解につき、エメラルド1こ]

❹ a)3350円　b)1650円 [1問正解につき、エメラルド1こ]

66〜67ページ

❶ a)10:09　10時9分 [1問正解につき、エメラルド1こ]
b)6:49　6時49分 [1問正解につき、エメラルド1こ]
c)5:54　5時54分 [1問正解につき、エメラルド1こ]
d)8:17　8時17分 [1問正解につき、エメラルド1こ]

❷ a)　b)
c)　d)
[1問正解につき、エメラルド1こ]

❸ a)8時8分 [エメラルド1こ]
b)2時28分 [エメラルド1こ]

❹ a)午後6時13分　18:13 [エメラルド1こ]
b)
4:45 [エメラルド1こ]

68〜69ページ

❶ a)4月3日 [エメラルド1こ]
12月31日 [エメラルド1こ]
6月1日 [エメラルド1こ]
8月31日 [エメラルド1こ]
b)4月3日、6月1日、8月31日、12月31日
[エメラルド1こ]

❷ a)1,200分　b)48時間
c)2分　d)180秒
e)3週間　f)10時間 [1問正解につき、エメラルド1こ]

❸ a)3月25日 [エメラルド1こ]
b)5回 [エメラルド1こ]
c)3月15日の月曜日 [エメラルド1こ]

❹ a) >　b) <　c) >　d) < [1問正解につき、エメラルド1こ]

70〜71ページ

❶ a)1時間(または60分) [エメラルド1こ]
b)1時間15分 [エメラルド1こ]
c)1時間30分 [エメラルド1こ]

❷ a)3時間45分 [エメラルド1こ]
b)2時間30分 [エメラルド1こ]
c)14時間30分 [エメラルド1こ]

❸ ゲームの方がおそく終わる [エメラルド1こ]

❹ a)午後1:20　b)午前11:55
c)午後2:45　d)午後5:29 [1問正解につき、エメラルド1こ]

❺ 午後3:50 [エメラルド1こ]

72ページ

❶ a)16 cm　b)20 cm [1問正解につき、エメラルド1こ]

❷ a)6 cm　b)10 cm
c)6 cm　d)8 cm [1問正解につき、エメラルド1こ]

75ページ

❶ a)東　b)南　c)西　d)西 [1問正解につき、エメラルド1こ]

❷ a)1、3　b)3、1 [1問正解につき、エメラルド1こ]

❸ fd2、lt90、fd1、rt90、fd2、rt90、fd3、lt90、fd3
[指示3つ正解につきエメラルド1こ]

76〜77ページ

❶ 鋭角:B、D、F [エメラルド1こ]
直角:E [エメラルド1こ]
鈍角:A、C [エメラルド1こ]

❷ B < D < F < E < A < C [エメラルド1こ]

❸
[鋭角、鈍角、直角が正しく書かれていれば、それぞれエメラルド1こ]

❹
直角が4つあります。
鋭角が2つ、鈍角が2つあります。
すべての角は鈍角です。
すべての角は鋭角です。
[1問正解につき、エメラルド1こ]

78〜79ページ

❶
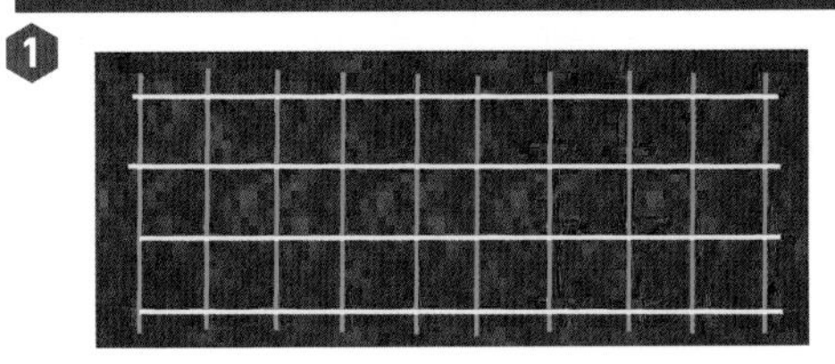

[正しい縦線・横線でそれぞれエメラルド1こ]

❷ a)縦 [エメラルド1こ]
b)横と縦 [エメラルド1こ]
c)縦 [エメラルド1こ]

d)横 [エメラルド1こ]
e)縦 [エメラルド1こ]
f)横と縦 [エメラルド1こ]

❸ 2組の平行な線を見つけていれば正解 [エメラルド1こ]
2組の垂直な線を見つけていれば正解 [エメラルド1こ]

❹ a)HG、CD、FEのいずれか b)CB または AH
c)AB、FE、HGのいずれか d)CB または DE
[1問正解につき、エメラルド1こ]

80～81ページ

❶ 剣のぬり方が合っている [図形1つにつきエメラルド1こ]

❷ a)32 b)30 c)48 d)45 [1問正解につき、エメラルド1こ]

❸ a)5、1 [エメラルド1こ]
b)1、2、2 [エメラルド1こ]
c)1 [エメラルド1こ]

❹
平行な辺が2組あって、直角が4つあります。
長さの等しい辺が4つと平行な辺が2組あります。
平行な辺が2組あって、直角はありません。
平行な辺が1組あります。

[1問正解につき、エメラルド1こ]

82～83ページ

❶ a)
① 頂点
② 辺
③ 面
[エメラルド1こ]

b) 6; 12; 8 [1問正解につき、エメラルド1こ]

❷

	頂点の数が偶数	頂点の数が奇数	頂点がない
角柱	A、C		
角柱ではない		B、D、F	E

[1問正解につき、エメラルド1こ]

❸

	図形A	図形B	図形C	図形D
立体の名前	立方体	五角柱	長方体	円柱
底面の形	正方形	五角形	長方形	円
頂点の数	8	10	8	0
面の数	6	7	6	3
辺の数	12	15	12	

[列1つにつきエメラルド1こ]

❹ a)三角柱 b)円錐(アイスのコーンの形)
[1問正解につき、エメラルド1こ]

84～85ページ

❶ a)2日目 b)4匹 [1問正解につき、エメラルド1こ]
c)6日目は円が1つ半 [エメラルド1こ]
d)7日目は円が3つ半 [エメラルド1こ]
e)12匹 [エメラルド1こ]

❷

日数	1	2	3	4	5	6	7
モンスターの数	6	9	5	7	8	3	7

[全問正解でエメラルド2こ、4つ以上の正解でエメラルド1こ]

❸ 次の図のようになっていれば正解:
畑A:円6つ [エメラルド1こ]
畑B:円が7つ半 [エメラルド1こ]
畑C:円9つ [エメラルド1こ]
畑D:円3つ [エメラルド1こ]
畑E:円が4つ半 [エメラルド1こ]

❹ a)D b)6
c)3 d)60 [1問正解につき、エメラルド1こ]

86～87ページ

❶ a)花 b)10 [1問正解につき、エメラルド1こ]
c)グラフ上でスイカが10になっている [エメラルド1こ]
d)100 [エメラルド1こ]

❷

アイテム	チェスト	小麦	花	丸石	スイカ
アイテムの数	20	25	30	15	10

[全問正解でエメラルド2こ、3つ以上の正解でエメラルド1こ]

❸ 次の図のようになっていれば正解:
チェスト:円2つ [エメラルド1こ]
小麦:円2つ半 [エメラルド1こ]
花:円3つ [エメラルド1こ]
丸石:円1つ半 [エメラルド1こ]
スイカ:円1つ [エメラルド1こ]

❹ a)20 [エメラルド1こ]
b)

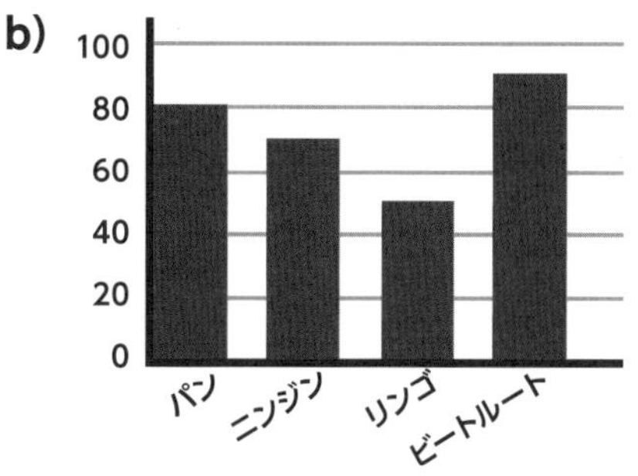

[正しく書かれているぼうグラフ1本につき、エメラルド1こ]

88ページ

❶ a)エメラルド35こ [エメラルド1こ]
b)2本 [エメラルド1こ]
c)4種類の色 [エメラルド1こ]
d)青 [エメラルド1こ]

❷ 次の表のようになっていれば正解:
オスカー、3日め:12 [エメラルド1こ]
マヤ、4日め:13 [エメラルド1こ]
マヤ、5日め:19 [エメラルド1こ]

エメラルドを交換しよう!

きみのおかげでオスカーとマヤの冒険は大成功です!
冒険で手に入れたエメラルドを使って、
このページのお店でアイテムと交換しましょう。
きみが冒険に出発するなら、どんなアイテムを持っていきますか?
エメラルドが足りるなら、同じアイテムをいくつか買ってもいいでしょう。
おうちの人に手伝ってもらって、
集めたエメラルドの数を□の中に書きましょう:

いらっしゃい。

お店の商品

- ダイヤモンドの鎧:エメラルド30こ
- ダイヤモンドの兜:エメラルド20こ
- ダイヤモンドのブーツ:エメラルド20こ
- ダイヤモンドの剣:エメラルド25こ
- ネザライトのつるはし:エメラルド30こ
- ネザライトの剣:エメラルド35こ
- 毒の矢:エメラルド15こ
- 回復の矢:エメラルド15こ
- エンチャントした本:エメラルド15こ
- 金のリンゴ:エメラルド10こ
- 金のニンジン:エメラルド15こ
- 焼きブタ:エメラルド5こ
- 再生のポーション:エメラルド30こ
- 浮遊のポーション:エメラルド25こ
- 透明化のポーション:エメラルド35こ

※「マインクラフト」のゲーム内で、アイテムがもらえるということではございませんので、ご了承ください。

おめでとう!
よくがんばりましたね。
集めたエメラルドは、
全部使わずに大切に貯める
のもいいですね。
貯金も大事
ですからね!